山西省哲学社会科学规划课题（2023YY296）
晋中学院乡村旅游协同创新中心（jzxyxtcxzx202102）

柴达木盆地雅丹地貌发育演化及旅游开发研究

郜学敏 著

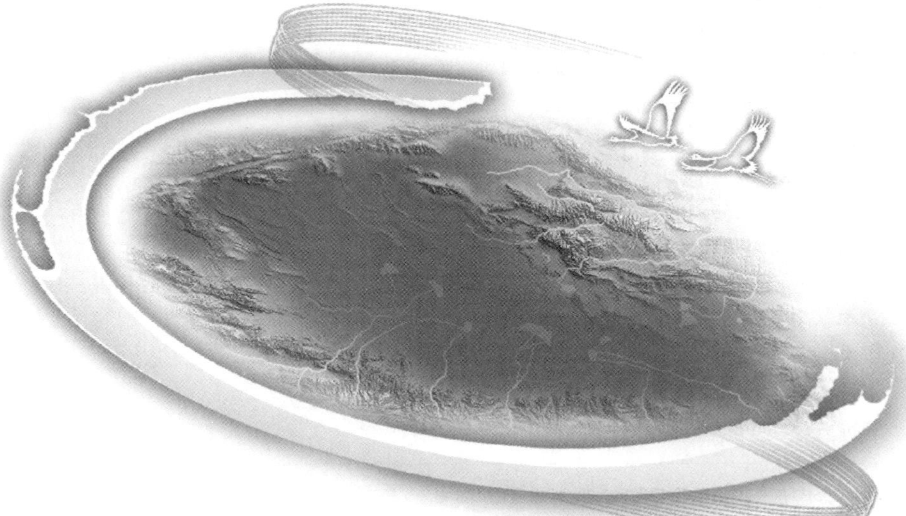

西安交通大学出版社
XI'AN JIAOTONG UNIVERSITY PRESS

图书在版编目(CIP)数据

柴达木盆地雅丹地貌发育演化及旅游开发研究 / 郜学敏著. — 西安 ：西安交通大学出版社，2024.9.

ISBN 978-7-5693-2444-0

Ⅰ. P931.3

中国国家版本馆 CIP 数据核字第 2024C21V83 号

书　　名 柴达木盆地雅丹地貌发育演化及旅游开发研究
CHAIDAMU PENDI YADAN DIMAO FAYU YANHUA JI LÜYOU KAIFA YANJIU
著　　者 郜学敏
责任编辑 王建洪
责任校对 柳　晨
装帧设计 伍　胜

出版发行 西安交通大学出版社
（西安市兴庆南路 1 号　邮政编码 710048）
网　　址 http://www.xjtupress.com
电　　话 (029)82668357　82667874(市场营销中心)
(029)82668315(总编办)
传　　真 (029)82668280
印　　刷 西安明瑞印务有限公司

开　　本 700mm×1000mm　1/16　**印张** 13　**字数** 210 千字
版次印次 2024 年 9 月第 1 版　2025 年 1 月第 1 次印刷
书　　号 ISBN 978-7-5693-2444-0
定　　价 88.00 元

如发现印装质量问题，请与本社市场营销中心联系。
订购热线：(029)82665248　(029)82667874
投稿热线：(029)82665379　QQ：793619240
读者信箱：xj_rwjg@126.com

前　言

雅丹是一种典型的风蚀地貌类型，主要分布于干旱和极端干旱沙漠的边缘地区、部分半干旱地区以及寒冷的荒漠地区。虽然雅丹地貌分布广泛，但是其只占地球陆地面积的很小一部分。此外，地外星球探测结果表明，在火星和金星上均分布有雅丹地貌，在土卫六上也可能存在雅丹地貌。为了明确这些分布于地外星球上雅丹地貌的演化模式，以地球雅丹地貌对其进行类比研究，是近年来雅丹地貌研究比较多的原因之一。

雅丹地貌作为一种独特的地质地貌类旅游资源，具有较高的科学研究价值和美学观赏价值，具有壮阔之美、沧桑之美、色泽之美、形态之美、神秘之美。雅丹地貌旅游资源总体上具有奇、险、幽、古、魅五大特点，近年来受到众多旅游者的青睐，成为西北地区旅游的热点之一。

柴达木盆地拥有我国海拔最高、面积最大的雅丹地貌分布区，由于该区域地质构造复杂多样，导致发育的雅丹地貌类型多样。基于形态学分类方法，有的学者将区内的雅丹地貌分为八种类型，而有的学者的划分种类则多达十一种。在提出的不同雅丹地貌演化模型中，长垄状雅丹均是最初始出现的地貌类型，其后的演化序列中出现了不同的雅丹类型。因此，长垄状雅丹究竟呈现出什么样的演化模式就成为制约构建柴达木盆地雅丹地貌完整而准确演化序列的关键因素。本研究以柴达木盆地的长垄状雅丹为研究对象，对其分布概况、形态特征、风能环境及沉积物特征等内容进行了研究，明确了长垄状雅丹地貌的发育环境，并基于地貌侵蚀循环学说提出了其演化模式。本研究通过实地调查柴达木盆地地质遗迹资源，尤其是雅丹地貌的保护开发现状，对其进行分类和评价，在此基础上综合分析其可持续发展面临的问题，并探索其应对措施，提出保护和开发模式，旨在对柴达木盆地地质旅游的可持续发展提供一些参考。

本研究获得的初步结论如下：

(1)柴达木盆地的长垄状雅丹主要位于盆地的最北端，北以阿尔金山山前冲洪积扇为界，东、西分别与昆特依和大浪滩干盐湖为邻，南抵察汗斯拉图干盐湖边缘。

(2)长垄状雅丹的长度平均为 500.66 m，宽度平均为 27.44 m，间距平均为 10.49 m。宽度与长度的比例平均为 1∶18.23。因此，研究区内的雅丹应多处于幼年期和青年期阶段，远没有达到壮年期所具有的流线形态。雅丹走向多为 N-S 方向，占比 60.71%；其次为 NNW-SSE 方向，占比 28.29%；最后为 NNE-SSW 方向，占比 11.00%。

(3)柴达木盆地长垄状雅丹地貌分布区的起沙风主要为 NNW 风、NW 风和 N 风，且在夏季和春季最强烈。研究区的年输沙势高达 1246.05 VU，指示研究区为高等风能环境，且 RDP/DP 近似等于 1，代表研究区为窄单峰风况。塑造长垄状雅丹地貌的这种强劲且方向稳定的风力作用，一方面是由来自塔里木盆地和库姆塔格沙漠的气流在翻越阿尔金山后下沉加速造成的，另一方面则可归结于气流与雅丹的相互作用，产生狭管效应，使气流在雅丹廊道内更加密集，并进一步加速。

(4)粒度分析结果表明，雅丹体内富含细颗粒物质。其中，粉沙粒级含量最高，比例为 44.03%；沙粒级含量次之，占比 35.99%；黏粒组分含量最少，仅为 19.98%。长垄状雅丹地层剖面自底部到顶部，沉积物平均粒径呈现出明显的粗细相间分布模式，即表现为沙质亚砂土与粉质黏土或沙质亚黏土与粉质亚黏土的互层现象。这种粗细相间或软硬相间的岩性分布模式导致其抗侵蚀能力不同，长垄状雅丹两翼的斜坡多发育成锯齿状形态。

(5)长垄状雅丹地层沉积物的常量化合物组成中，以 SiO_2、CaO 和 Al_2O_3 含量较高，平均含量分别为 35.75%、11.62%和 10.52%；微量元素以 Cl 元素含量最高，平均为 37661.8 μg/g。相较于上陆壳平均化学元素组成，常量化合物中 CaO 和 MgO 富集程度较高；微量元素中 Cl 和 As 元素的富集程度较高。长垄状雅丹沉积物的 CIA 值平均为 39.03，且在 A-CN-K 三角图上准平行于 A-CN 连线，位于风化趋势线的反向延长线上，指示其化学风化程度较弱，整体处于风化的初期阶段，即微弱的脱 Na、Ca 阶段。

(6)长垄状雅丹沉积物的轻矿物组成以长石和石英为主。其中，长石的平均含量为 22.93%，石英的平均含量为 17.78%，与风成沙中以石英含量最高有所差别。重矿物的平均含量为 18.36%，按照重矿物稳定性划分，长垄状雅丹沉积物以不稳定和较稳定重矿物组合为主，平均含量占重矿物总含量的 97.41%。石英与长石比例、重矿物稳定系数等均指示长垄状雅丹沉积物的矿物稳定性较差，风化程度较低。

(7)基于地貌侵蚀循环学说，可以将长垄状雅丹演化模式划分为四个阶段，即幼年期、青年期、壮年期和老年期。幼年期雅丹被凹槽隔开，凹槽横剖面多呈浅“V”形，雅丹纵向延伸性较好，呈扁平的长垄状。青年期，凹槽发生迅速的下切侵蚀和侧向侵蚀，使凹槽加深展宽，发展为廊道，同时雅丹相对高度逐渐增加。至壮年期，雅丹高度达到最大值。随着廊道下切侵蚀的停止，侧向侵蚀过程导致雅丹逐渐缩小，直至进入老年期，雅丹完全消失，地表发育演化为准平原。

(8)柴达木盆地水景类资源开发价值最高，综合得分为 88.96，山石景类次之，综合得分为 86.48，山石景类中尤以雅丹地貌为代表的地质遗迹旅游资源开发价值最高。柴达木盆地地域辽阔，地质遗迹分布广而散，并且大多数地质遗迹并没有被系统地保护起来，有些已经被严重破坏，造成了不可逆转的损失。同时，柴达木盆地针对地质旅游的开发正处于初始阶段，雅丹地貌旅游资源开发价值高，但旅游基础薄弱，规划起步较晚，并未建立规模性、系统性的地质公园或景区。此外，柴达木盆地缺少科学有效的宣传推广措施和手段，盆地的整体旅游品牌形象不够突出，旅游市场缺乏成熟的具有吸引力的产品。

由于时间和水平所限，书中还存在诸多不足与疏漏之处，敬请各位专家、学者批评指正。

郜学敏

2024 年 1 月

目 录

第1章

绪　论

1.1 研究背景与研究意义

1.1.1 研究背景

风沙地貌学是基于塑造地貌的外营力系统划分的地貌学分支学科之一，是系统阐述在风力作用下风沙颗粒运动形式及其形成的地表形态特征、空间组合规律及其形成演化的一门学科（张正偲 等，2014）。风沙地貌主要分布于极端干旱区和干旱区，这些地区气候极端干燥，日照强烈，地表径流贫乏，植被稀疏，物理风化盛行，风力作用成为塑造其地表形态的主导外营力（吴正，1987；杨景春 等，2001）。同时，在半干旱区（赵哈林 等，2002）和大陆冰川外缘地区（张伟民 等，2002），也有风沙地貌发育。半干旱气候区现代风沙地貌的发育主要归因于人类活动的加剧，而在地层中保存的风成沙层则指示着区域地质历史时期的环境演变（Yang et al.，2019）。冰缘区堆积有大量的冰碛物及寒冻风化作用形成的碎屑物质，经风力吹扬可发育相应的风沙地貌类型。此外，在气候相对湿润的沿海地区，也有风沙地貌的发育（Pye，1983；董玉祥 等，2019）。近年来，随着对地外星球探测的开展，相继在金星（Ronca et al.，1970）、火星（Cutts et al.，1973）、土卫六（Lorenz et al.，2006）、冥王星（Telfer et al.，2018）等星体上发现了风沙地貌的存在，甚至在楚留莫夫-格拉希门克（Churyumov-Gerasimenko）彗星上也可能存在风沙地貌（Jia et al.，2017；Hayes，2018）。

风力对地表的塑造过程是以风沙流的形式实现的。风沙流作用于地表，发生侵蚀、搬运和堆积作用，形成各种风沙地貌类型，概括分为风积地貌和风蚀地貌两大类。风积地貌按照其物质组成和个体规模大小的差异，可以划分为沙纹、沙丘、高大沙山等三种类型(Wilson，1972)。风蚀地貌通常分布于基岩出露区或砾石覆盖区，受到岩石岩性和岩层产状等因素的影响，可形成不同的类型，常见小型风蚀地貌有风棱石、石窝和风蚀壁龛，中型和大型风蚀地貌包括风蚀蘑菇、风蚀柱、风蚀洼地、雅丹地貌等(吴正，2003；Laity，2009)。由于风蚀地貌通常分布于气候极端干旱区，发育非常缓慢，在短期内难以观测到其明显变化，且对人类生产生活并不像沙尘暴、沙丘移动等那样造成严重的风沙灾害，因此对其研究相对较薄弱(王帅 等，2009)。

雅丹地貌是风蚀地貌研究的主要对象，现用来泛指发育于基岩或半固结甚至未固结的河湖相沉积物基础上，呈垄脊与沟槽相间分布的地貌类型，在形态上多呈长垄状或流线形(牛清河 等，2011)。近年来，随着在火星上发现雅丹地貌的存在，促进了行星地貌学的发展，在地球上开展对雅丹地貌发育的类比研究越来越多。而且，我国也实施了自己的火星探测计划，对火星进行全面和综合的环绕探测，并实现区域着陆巡视探测(刘建军 等，2018)。

雅丹地貌通常呈集群分布，形态多样，气势壮观，具有独特的美学价值，体现出“奇”“险”“幽”“古”“魅”五大特点(姜红忠，2004)，目前已成为沙漠地区重要的地貌旅游资源(董瑞杰 等，2013a)。同时，我国的雅丹地貌蕴含着丰富的青藏高原隆升、东亚季风系统和亚洲内陆干旱气候形成等自然环境演变信息，是地球演化史中重要阶段的突出例证(郑本兴 等，2002；屈建军 等，2004；王富葆 等，2008)。此外，我国的雅丹地貌分布于极端干旱气候区，这里的野生动物经过长期的进化形成了自身独特的生理-生态适应系统，成为独特的荒漠动物群系。我国雅丹地貌的上述特征均符合申报世界自然遗产的标准，目前相关申报工作也已经展开(郭峰 等，2012)。然而，不管是火星探测的国家需求，还是雅丹地貌申遗和旅游开发的现实需要，其前提是需要对该种地貌类型的发育环境和演化模式有一个清晰的认识。因此，对于雅丹地貌形成发育环境与演化机制的研究就显得十分必要。

1.1.2 研究意义

雅丹地貌研究不但可以填补风沙地貌学界对于风蚀地貌研究的薄弱环节，丰富和完善现有风沙地貌学术理论，揭示区域环境演化信息，而且也是实现火星探测和申报自然遗产的现实需求。因此，雅丹地貌研究不仅具有较强的理论意义，同时也有一定的现实意义。

(1)丰富雅丹地貌研究区域，完善现有风沙地貌理论。雅丹地貌在我国分布广泛，主要集中于罗布泊、疏勒河下游、柴达木盆地等地区。由于雅丹地貌最早是由斯文·赫定在罗布泊考察时提出的，因此，我国早期的雅丹地貌研究主要集中于罗布泊周边地区(陈宗器，1936；夏训诚，1987)。近年来，随着国家能源需求的增加和类火星地貌研究的开展，柴达木盆地雅丹地貌开始受到越来越多的关注。对其进行深入研究，不但可以阐明该地貌的发育环境和演化机制，而且可以丰富和完善现有风沙地貌理论，尤其是可以改善目前较为薄弱的风蚀地貌研究现状。

(2)研究雅丹地貌地层蕴含信息，揭示区域环境演变过程。狭义的雅丹地貌仅指发育于河湖相沉积地层中，呈垄脊与沟槽相间分布的地貌形态(牛清河 等，2011)。由于这些地层沉积比较连续，地层保存完好，通过对其系统综合研究，可以揭示区域的地质构造演变过程、区域环境变化过程、地表物质来源与输移过程、区域地表动力过程等信息(Liang et al.,2019)。

(3)顺应我国火星探测需求,加快我国行星地貌学发展。航天科技水平高代表着国家科学技术的进步和经济发展的提升,是一个国家综合国力日益强大的重要标志。在我国实现对月球的绕行与着陆探测后,又实现了对火星的绕行与着陆探测。火星探测的前提是需要对火星的自然环境状况有明确的认识。我国和美国的火星探测结果表明,塑造火星地表的营力不仅包括以火山喷发及构造运动为代表的内营力,而且也包括以撞击、流水、冰川、风力、块体运动为代表的外营力(Barlow,2008)。其中,风力作用在火星表面非常活跃,塑造的地貌类型包括风成条痕(Thomas et al.,1981)、沙纹(Silvestro et al.,2010)、横向沙脊(Wilson et al.,2004)、沙丘(Breed et al.,1979)、风棱石(Bridges et al.,1999)、雅丹地貌(Ward,1979)等。因此,通过对地表类火星地貌的研究认识该种地貌的发育环境及演化模式,对于认识火星环境具有重要的意义。同时,这对我国行星地貌学的发展也具有重要的推动作用。

(4)助力雅丹地貌申遗,加快雅丹地貌开发与保护。中国目前拥有世界自然遗产14处,其中以岩溶作用为代表的中国南方喀斯特和以流水作用为代表的中国丹霞均被收录于世界自然遗产名录。而在风力作用塑造的地貌中,除阿拉善沙漠地质公园、敦煌世界地质公园正式入选世界地质公园外,其余受关注程度均较低,更没有入选世界自然遗产名录。我国的雅丹地貌具有罕见的自然美,记载着地球演化过程中的重要信息,同时也是濒危荒漠动物的栖息地,符合申报世界自然遗产的标准。而要申报世界自然遗产的前提就是要对研究对象有一个清晰的认识,对其发育环境与演化过程和蕴含的地质演化及环境演变过程进行重建。同时，雅丹地貌是随着时间的推移逐渐演化的，经历着发生、发展和消亡的过程。如果游客旅游过程中发生对雅丹体的随意攀爬、踩踏等行为，将会加快雅丹地貌的消亡过程。雅丹地貌申遗成功后，将能进一步提升其在国内外的影响力，进一步促进对各种旅游资源开发和管理行为的规范，进一步约束和规范游客在雅丹地貌景点的旅游行为，加强对雅丹地貌的保护。

1.2 雅丹地貌研究进展

在对雅丹地貌研究的历史中，Blackwelder(1934)、McCauley 等(1977a,1977b)、李志忠等(1999)、Goudie(2007)、王帅等(2009)、Laity(2009,2011)、牛清河等(2011)、Bridges 等(2013)学者分别在不同时期对雅丹地貌的含义、概念辨析、形态、全球分布、影响因素及演化模式等进行了总结和评述。本研究在承续前人研究结果的同时，重点总结了近年来雅丹地貌研究的新成果，对雅丹地貌研究新进展进行了全面的归纳、总结和评述。

1.2.1 雅丹形态与分布

雅丹作为地貌学专业术语，是由瑞典探险家斯文·赫定(Sven Hedin)在罗布泊地区考察时，经向当地向导询问，由维吾尔语音译的(Hedin,1903)，在维吾尔语中指“具有陡壁的小丘”。在雅丹这一术语未被地学界广泛接受和使用之前，世界不同区域有不同的称呼。我国东汉史学家班固将罗布泊东部被风力剥蚀形成的土丘称为“龙城”“白龙堆”“龙堆”，近代学者黄文弼将其称为“土阜”(黄文弼，1948)。Staff(1887)将纳米布沙漠边缘的雅丹称为“流体动力学地形”(aerodynamic landform),Walther(1897,1912)在埃及考察时将雅丹称为“狮身人面丘”(shpinx hill),Bosworth(1922)将秘鲁西北部雅丹比喻为“倾覆之舟”(inverted boat),Embabi(1972)则将埃及西部大沙漠中的雅丹称为“泥狮”(mud lion)。鉴于雅丹这一术语强调地貌形态的流线形特征,具有一定的特指性,因此最近有的学者在研究埃及西部大沙漠的雅丹地貌时将其称为“风蚀线状构造”(aeolian erosional lineation),涵盖了具有线状构造的各种规模和形态的地形(Brookes,2001)。

受雅丹地貌分布广泛和区域影响因素差异较大等影响,雅丹地貌在不同地区呈现出不同的外部形态。早期的雅丹地貌研究多基于其外部形态,采用定性描述法进行命名,例如长垄状、圆锥状、方山状、锯齿状、金字塔状、低矮流线鲸背状、城墙状、桌状、雕塑状等(Hedin,1903;Halimov et al.,1989)。该命名方式造成雅丹地貌的命名区域差异较大,难以对其进行系统归类和统一研究。为了克服上述问题,学者们陆续从事了一些定量研究,主要存在两种观点(牛清河 等,2011)。一种观点认为典型雅丹地貌呈长垄状形态(McCauley et al.,1977a),另一种观点则认为发育成熟的雅丹地貌能够适应空气动力学作用,呈现出流线形态(Ward et al.,1984)。雅丹地貌形态的定量研究主要体现在对其形态参数上,如长度、宽度、高度、走向、体积、坡度等,在野外或基于影像进行测定。其中,形态比例系数(aspect ration, r=宽度/长度)通常被用来指示雅丹的流线程度。发育成熟雅丹的r通常为1∶4,因为这种形态的雅丹在流体中所受总阻力(包括表面摩擦阻力和压力阻力)是最小的(Fox et al.,1973),且可作为区分流线形雅丹与其他地形如剥蚀残丘或山丘的重要标准(Grolier et al.,1980)。

然而,对该结论的实验和野外实地证据却较少。Ward 等(1984)

通过风洞实验发现，不管雅丹体的初始形态为短而粗或细长的形态，经过长期的风力作用，都能达到理想的流线形态，比例系数为 1∶4，并以美国西南部罗杰斯湖的雅丹地貌的形态参数作为野外证据。西班牙西北部埃布罗洼地中发育的雅丹的比例系数平均为 1∶4.1 (Gutiérrez-Elorza et al.,2002)，与 Ward 等(1984)的结论相一致。中国敦煌雅丹国家地质公园北部雅丹的形态比例系数平均为 1∶4.8，然而南部雅丹则为 1∶2.8，区域内部差别较大(Dong et al.,2012a)。埃及西部大沙漠中雅丹形态的比例系数平均为 1∶3(Grolier et al.,1980)。秘鲁海岸雅丹的形态比例系数变化较大，由北部的 1∶3 逐渐过渡到南部的 1∶10(McCauley et al.,1977b)。科威特北部洼地中发育的雅丹形态比例系数平均为 1∶1.5(Al-Dousari et al.,2009)，蒙古国戈壁地区发育的雅丹形态比例系数介于 1∶0.73 至 1∶3.6 之间，平均值为 1∶1.8(Ritley et al.,2004)，均较理想状态下雅丹的形态比例系数差别较大。

在安第斯山脉中部，由固结性稍差的熔结凝灰岩形成的雅丹，其形态比例系数介于 1∶5 至 1∶10 之间，而由固结性较强的熔结凝灰岩形成的大型雅丹，其形态比例系数介于 1∶20 至 1∶40 之间(de Silva et al.,2010)。发育于乍得固结能力较强砂岩中的雅丹个体规模也较大，长度可达 20～30 km，宽 1 km，形态比例系数介于 1∶20 至 1∶30 之间(Breed et al.,1989)。火星上发育的雅丹也多为大型雅丹，形态比例系数介于 1∶20 至 1∶50 之间(Mandt et al.,2008)，与上述两处大型雅丹在个体规模上相似，通常将这两处与火星雅丹进行类比研究(Mainguet,1972;de Silva et al.,2010)。由上述分析可知，全球雅丹的形态比例系数区域差别较大，而真正呈现流线形态，即形态比例系数接近1∶4的野外情况较少。形态比例系数大于 1∶4，通常对应方山状或圆锥状雅丹，形态比例系数小于1∶4，可能对应着长垄状雅丹(Li et al.，2016a)。此外，火星上雅丹的个体规模明显大于地球上的雅丹，这可能与两个星体大气特征(元素组成、密度大小等)、重力加速度、雅丹物质组成及化学属性等有关(李继彦 等，2016)。

雅丹地貌在全球分布广泛，目前除大洋洲和南极洲外，其余大洲均有雅丹地貌分布(见表1.1)。其中，亚洲和非洲的雅丹地貌分布面积较广，研究成果也较多。南美洲的雅丹地貌主要集中分布于西部海岸和中南部的安第斯山区，由基岩侵蚀形成的典型雅丹长度达到10 km(Inbar et al.，2001；Bailey et al.，2007；Goudie，2007；de Silva et al.，2010)。非洲的雅丹地貌区主要分布于撒哈拉和纳米布沙漠地区(Staff，1887；El-Baz et al.，1979；Laity et al.，2013)。亚洲分布有多处面积较大的雅丹地貌分布区，例如中国的西北干旱区(Hedin，1903；夏训诚，1987；Halimov et al.，1989；董治宝 等，2011)，伊朗的卢特沙漠(Ehsani et al.，2008)，科威特Um Al-Rimam低地(Al-Dousari et al.，2009)，沙特阿拉伯西北部(Vincent et al.，2006)以及蒙古国戈壁(Ritley et al.，2004)。雅丹地貌在欧洲和北美洲的分布相对分散。例如，西班牙北部的埃布罗低地(Gutiérrez-Elorza et al.，2002)、匈牙利潘诺尼亚平原西部(Sebe et al.，2011)和美国的犹他州峡谷地国家公园(Tewes et al.，1992)、加利福尼亚罗杰斯湖(Ward et al.，1984)等地。此外，雅丹地貌在火星和金星表面也有分布(Ward，1979；Greeley et al.，1995)。虽然雅丹地貌在地球主要沙漠的边缘地区均有分布，但是它们仅占地球陆地表面积很小的一部分。

表 1.1　地球与火星、金星雅丹地貌性质对比

所处地区/星球	分布区域	岩性	形态	侵蚀速度	引用文献
亚洲	罗布泊地区	中晚更新世河湖相泥岩、砂质泥岩、砂岩	高 10～20 m,长 30～500 m	2.4～4.7 mm/a	夏训诚(1987)
	雅丹国家地质公园	疏勒河下游中晚更新世河湖相沉积物	高 10～20 m,长 10～1800 m,北区 r=1∶4.8,南区 r=1∶2.8	3 mm/a	Dong 等(2012a)
	阿奇克谷地	中晚更新世河湖相沉积物	高 5～20 m,长 30～50 m,宽 20～30 m	3 mm/a	屈建军等(2004);Dong 等(2012a)
	哈密盆地	上第三纪砂岩和细颗粒岩层	长 10～103 m,高 5～15 m,r=1∶1.3～1∶30.3		Pullen 等(2017)
	柴达木盆地	第三纪泥岩、粉砂岩、砂岩	长 2～1000 m,宽 2～100 m,高 0.5～30 m,不同类型雅丹的平均 r 为 1∶1.7～1∶17.8	0.011～0.398 mm/a	Halimov 等(1989);Wang 等(2011);Hu 等(2017)
	内蒙古后山地区	中生代及第三纪陆相、湖相堆积物	高 1～3 m	3.0～10 cm/a	董治宝等(1997)
	蒙古国戈壁	上白垩纪弱固结砂岩和泥岩	长 3.85～10.9 m,高 0.74～3 m,r 平均为 1∶1.8		Ritley 等(2004)
	科威特 Um Al-Rimam 低地	第三纪砂岩和第四纪湖相沉积物	雅丹最长 92 m,最宽 53 m,最高 7.5 m,r 平均为 1∶1.5	迎风坡 1 cm/a,翼 0.5 cm/a	Al-Dousari 等(2009)
	伊朗卢特沙漠	更新世冲积物	长度 1077～2110 m,高度 29.1～40.2 m,r 平均为 1∶3.5		Ghodsi (2017)
	沙特阿拉伯西北部	下古生代砂岩	高度超 40 m,长度几百米		Vincent 等(2006)

续表

所处地区/星球	分布区域	岩性	形态	侵蚀速度	引用文献
非洲	埃及法拉弗拉绿洲	全新世河湖相沉积物	长 1.4～24.5 m，高 1.75～8 m		Hassan 等(2001)
	埃及西部大沙漠	全新世湖相和沼泽沉积物	高 4～5 m，长 40～50 m	>0.2 cm/a	Goudie (1999)
	埃及利比亚沙漠	第三纪石灰岩	长 1000 m，宽 200 m，高 50 m		Brookes (2001)
	乍得博德莱洼地	晚更新世-全新世湖相沉积物	高度 10 m 左右	0.2～0.4 cm/a	Bristow 等(2009)
	纳米比亚北部	元古代火成岩和变质岩	长度 8～10 km，雅丹廊道间距 300～350 m		Goudie (2007)
	纳米比亚南部	古老的结晶变质岩	长超 20 km，宽约 1 km，高 100 m		Goudie (2007)
北美洲	犹他州峡谷地国家公园	早二叠纪砂岩	长 1.5 km，宽 250 m，高 14 m		Tewes 等(1992)
	加利福尼亚罗杰斯湖	更新世湖相沉积物	平均长 50 m，宽 10 m，高 5 m，平均 r=1∶4	头部 2 cm/a，两翼 0.5 cm/a	Ward 等(1984)
南美洲	安第斯山脉中部	熔结凝灰岩	大型雅丹，高 100 m，r=1∶20～1∶40；中型雅丹，高小于 10 m，r=1∶5～1∶10	中型雅丹介于 0.007～0.03 cm/a	de Silva 等(2010)
	阿根廷南安第斯山区	更新世-全新世熔结凝灰岩和玄武岩	长度 2～10 km，宽度超 100 m		Inbar 等(2001)
	秘鲁和智利沿海地区	渐新世-中新世粉砂岩、砂岩和泥岩	长度超过 1000 m		McCauley (1977a)；Gay(2005)

续表

所处地区/星球	分布区域	岩性	形态	侵蚀速度	引用文献
欧洲	西班牙西北部埃布罗低地	中新世石膏和石灰岩、松散湖相沉积物	最大长、宽、高分别为 264 m、40 m、17 m，r 平均为 1∶4.1	4cm/a*	Gutiérrez-Elorza 等(2002)
	匈牙利潘诺尼亚平原西部	中新世碎屑沉积物和第四纪陆相沉积物	大型雅丹长 60 km，高 150 m；中型雅丹长超 1 km，r 为 1∶4～1∶5		Sebe 等(2011)
火星	Anazocis Planitia region	梅杜莎槽沟层	高度大于 100 m，r 由 1∶5 到 1∶20～1∶50		Ward (1979)；Mandt 等(2008)
金星	米德(Mead)撞击坑		长 25 km，宽 0.5 km，间距 0.5～2 km		Greeley 等(1995)

注：* 依据作者提供的雅丹高度和年代数据推算。

1.2.2 雅丹分类

地貌分类是风沙地貌研究的重要内容之一(董治宝 等，2011)。受雅丹地貌分布广泛且形态多样，以及学者进行分类的目的和原则不同，导致产生了多个雅丹地貌分类体系。在雅丹地貌研究中，常用的分类体系主要有以下几种。

1. 陈宗器(1936)分类体系

经过两次对罗布泊地区的探险考察活动，我国学者陈宗器(1936)提出，将该区域的雅丹按照其个体规模及形成年代划分为迈赛(mesas，平顶山)和雅丹(yardang)两种类型。其中，前者高 10～30 m，形成年代较久远；后者高度不到 1 m，形成年代较新。基于对雅丹地貌发育演化的认识，这两种雅丹应该处于不同的演化阶段。目前，该分类方案在雅丹地貌研究中的应用较少。

2. 夏训诚(1987)分类体系

基于对罗布泊地区的综合科学考察成果，夏训诚(1987)根据该区域雅丹地貌形成的主导外营力不同，将其划分为以风的吹蚀作用为主的雅丹，以流水的侵蚀作用为主的雅丹，以及在流水作用的基础上再经风的吹蚀作用的雅丹三种类型。其中，风力吹蚀形成的雅丹主要位于平原区，雅丹和沟谷长轴走向均与当地盛行风向或合成输沙方向一致。流水侵蚀作用形成的雅丹主要分布于山地边缘或湖滨地区，雅丹和沟谷长轴走向与附近山地洪水沟走向一致。最后一种雅丹也分布在平原区，流水作用仅在雅丹发育初期起作用，经长期的风力吹蚀流水作用，痕迹已不明显；这种雅丹沟谷的长轴走向既与洪水走向一致，也与当地主风向一致。

3. Halimov 等(1989)分类体系

Halimov 等(1989)在范锡朋(1962)工作的基础上，在对柴达木盆地雅丹地貌研究过程中，将雅丹划分为八种类型(见表 1.2)。该分类体系基于雅丹的构造倾角、长度、高度以及廊道的宽度等形态特征，并结合该形态特征对应的雅丹地貌发育阶段及地貌标志进行分类。该分类体系综合考虑了多方面因素，是目前雅丹地貌研究中应用最广泛的分类方法之一。

表 1.2　柴达木盆地雅丹地貌分类体系

类型	构造倾角/(°)	高度/m	宽度/m	长度/m	廊道宽度/m	发育阶段	地貌标志
方山状	0～10	10～15	2～100	2～1000	不定	初期	廊道加深
锯齿状	15～45	3～10	5～10	10～30		早期	底部连接
圆锥状	45	20	30	30	2	快速减小	孤立
金字塔状	水平层理	4～15	6～15	10～30	10～50	快速减小	陡壁
长垄状		＞30	＞50	100～5000	200～350		
猪背状		10～30	6～15	35～100			
鲸背状		3	6	15	100		
低矮流线鲸背状		0.5～3	1～5	5～30	100～500	相对稳定	适应气流

4. Cooke 等(1993)分类体系

Cooke 等(1993)参照沙丘分类方案，将雅丹按照其个体规模划分为小型雅丹(micro-yardang)、中型雅丹(meso-yardang)和大型雅丹(mega-yardang)，其个体长度分别在 1 m、10～10^2 m 和 10^3 m 的数量级上。小型雅丹包括发育于潮湿沙质海岸上砾石或贝壳下风向厘米尺度的小型垄状地形(Allen，1965)和基岩残丘(McCauley，1977b)。现在雅丹地貌研究中的主要对象是中型和大型雅丹，小型雅丹非常少见。该分类体系在现代雅丹地貌研究中也在使用。

1.2.3 雅丹侵蚀速率

雅丹地貌是一种正地形(垄脊)与负地形(沟槽)相间分布的地貌系统。在其形成发育过程中，由于沟槽物质遭受外营力侵蚀被带走，因此，对于沟槽部分的侵蚀速度在野外实际上很难测定。再者，由于雅丹体侵蚀速率非常缓慢，在短期内很难观测到其明显变化。因此，对于雅丹地貌侵蚀速率的测定大都是根据对雅丹体不同部位的长期观测来确定的，或者基于出露雅丹地层的年龄和该测年部位距廊道地表的距离来间接推断雅丹地貌的侵蚀速度。Ward 等(1984)对 Blackwelder(1934)研究的雅丹进行了同一位置拍照，对不同部位的侵蚀速率进行对比研究。经过 50 多年的外力侵蚀，Ward 等(1984)发现雅丹体头部的侵蚀速率平均为 2 cm/a，两翼的侵蚀速率平均为 0.5 cm/a。Al-Dousari 等(2009)在发育成熟的泥质雅丹体表面布设标杆，经过一年的观测，通过测量不同标杆的高度来测定雅丹体不同部位的侵蚀速度。观测表明，雅丹体头部的最大侵蚀速度为 1 cm/a，两翼的侵蚀速度为 0.5 cm/a，该泥质雅丹的平均侵蚀速率为 0.4 cm/a。Wang 等(2011)基于经典力学理论构建了沙粒与雅丹体碰撞模型，计算柴达木盆地西北部雅丹的侵蚀(主要为磨蚀)速率 1986—2010 年为 0.011～0.398 mm/a。

罗布泊周边存在很多废弃古城，古城内有多处文化层，根据文化层测算的风蚀深度数值为 2.4～4.7 mm/a（夏训诚，1987）。根据周边雅丹的高度一般不超过 30 m，夏训诚（1987）认为罗布泊周边的雅丹形成年代较新，应该是近千年来的风蚀产物。根据野外实地调查，董治宝等（1997）发现内蒙古后山地区的雅丹侵蚀速率为 3～10 cm/a。通过测定乍得湖相地层形成雅丹的年代数据和高度数据，Bristow 等（2009）计算的雅丹侵蚀速率为 0.2～0.4 cm/a。采用同样的思路，通过测定熔结凝灰岩形成雅丹的特定部位年代数据，de Silva 等（2010）计算出火山岩区雅丹的侵蚀速率为 0.007～0.03 cm/a。Dong 等（2012a）基于已报道的泥质雅丹的侵蚀速率，并结合敦煌雅丹国家地质公园雅丹的物质组成特征，采用 3 mm/a 的侵蚀速率，认为该区域雅丹是在全新世形成的。

通过上述对不同区域雅丹侵蚀速率报道的分析，可以发现，以河湖相等固结性稍差的沉积物为基础发育的雅丹，其侵蚀速率稍大，形成时间较短，可能大都是全新世以来的产物（夏训诚，1987；Dong et al.，2012a）；而以熔结凝灰岩、砂岩、石灰岩等固结性较强基岩发育的雅丹，其侵蚀形成的速率较低。因此，后者的形成时间可能较长，年代较古老，并不仅仅是冰期时的强风吹蚀塑造的（Rea，1994）。例如，阿塔卡马沙漠和纳米布沙漠均是在更新世之前形成的，可能在中新世或者更早（Goudie，2002），因此这些区域发育的雅丹可能较松软沉积物发育的雅丹经历了更长的地质历史时期。

1.2.4 雅丹发育环境

不同的地貌类型及其对应的沉积物通常是在特定的环境条件下形成的，因此地貌具有一定的环境指示意义。通过对雅丹在全球分布状况（见表 1.1）的总结和分析，本研究认为雅丹地貌通常发育于如下环境条件。

1. **风力强劲,风向稳定**

雅丹地貌是一种典型的风蚀地貌类型,虽然有的学者强调了雅丹演化过程中流水以及其他非风力因素在雅丹地貌发育中的作用,但毋庸置疑的是,风的吹蚀和磨蚀在雅丹地貌演化过程中仍然起到绝对的主导作用。因此,雅丹地貌通常发育于中等或高风能环境,单峰或锐双峰等风向相对稳定的风况环境中。

2. **气候干燥,降水稀少**

雅丹地貌通常分布于干旱和极端干旱的气候环境中,年降水量小于 50 mm,且日温差和年温差均较大。这些地区地表植被稀疏,沙和粉沙等细颗粒物质丰富,为风力的侵蚀提供了丰富的物质基础。例如,中国西北部的雅丹地貌分布区。同时,在年降水为 150～500 mm 的半干旱地区,也有雅丹地貌的发育,例如美国加利福尼亚的罗杰斯湖地区(Ward et al.,1984)和西班牙的埃布罗低地(Gutiérrez-Elorza et al.,2002)。虽然这些地区年降水量稍高,但是其地形封闭且低洼,地下水水位埋藏较浅,因此地下水和盐分在这些区域的雅丹形成中可能发挥着很大的作用(Goudie,2007)。

3. **沉积物(岩)质地均一,且堆积较厚**

目前已报道的雅丹地貌多发育于河湖相、沼泽相等固结性稍差的松软沉积物之上,此外也有雅丹发育于砂岩、玄武岩等固结性较强的基岩之上。雅丹地貌通常发育于质地相对均一的岩层中,且不含相对复杂的地质构造,但是如果地层或基岩中节理比较发育,则更利于外营力的侵蚀,会加速雅丹地貌的发育。

1.2.5 雅丹发育影响因素

雅丹地貌的发育是受到风力的吹蚀和磨蚀、流水侵蚀、风化、块体运动、溶蚀等一系列外营力的共同作用而形成的。同时,每一种外营力在雅丹发育过程中所起的作用又受到气候因子和形成雅丹的岩性及结构和构造的影响。

1. 岩性

雅丹地貌可发育于多种性质的岩石中，例如砂岩、石灰岩、黏土岩、白云岩、花岗岩、片麻岩、片岩、火山熔结凝灰岩、玄武岩以及河湖相、沼泽相等沉积物(Goudie, 1989)。作为雅丹地貌发育的物质基础，岩层性质影响雅丹廊道间距(Mainguet et al., 1980)，进而决定雅丹的外部形态。由河湖相、沼泽相等易于被外营力侵蚀的沉积物发育的雅丹，形成速度较快，且多发育形成中型雅丹。相反，由玄武岩、砂岩、石灰岩、花岗岩等岩石发育的雅丹，其质地坚硬，外力难以侵蚀，因此形成速度缓慢，多形成大型雅丹。

2. 结构和构造

发育于岩层中的节理或断层可作为外力侵蚀的初始作用点，加速雅丹地貌的发育(Laity, 2009)。此外，地质构造还控制着雅丹的分布状况，例如在柴达木盆地，雅丹地貌主要分布于背斜构造发育地区，而在向斜构造区很少发育(Zhao et al., 2018)。

3. 风力作用

风力作用是雅丹地貌发育演化过程中的主导外营力，包括磨蚀和吹蚀作用两个方面。磨蚀作用主要是通过风力卷挟沙粒级物质，对廊道及雅丹体下部的碰撞、摩擦过程而实现的。该过程导致雅丹廊道的加深和拓宽，塑造雅丹的整体外部形态，同时对雅丹体表面的沟槽、磨光面等微形态的发育以及雅丹颜色等均有一定的影响。吹蚀作用是雅丹体表面受风化作用产生的松散物质或颗粒，被风力吹扬带走的现象。该过程可能在固结性较差的河湖相沉积物中起的作用更为显著。然而，对于磨蚀和吹蚀作用在雅丹地貌发育过程中所起作用的相对重要性，学者们的观点差别较大(Laity, 2009)。

4. **流水作用**

多位学者注意到了流水在雅丹地貌发育过程中所起的作用,但是这种作用可能具有区域限制。例如,山前或湖滨的雅丹受附近山地洪水影响较大,而对平原区发育的雅丹而言,流水作用可能在其发育的初期作用较大(夏训诚,1987)。流水在雅丹地貌发育中的作用主要体现在对雅丹走向和形状的影响上(Dong et al.,2012a)。我国的敦煌雅丹国家地质公园由南北两片雅丹区组成,其中北区雅丹走向 NNE10°-SSW190°,南区雅丹走向近乎 E-W。在如此小的范围内,雅丹走向差异显著,说明流水在雅丹地貌发育中曾起到了重要作用。在现代雅丹的发育过程中,地表流水特别是暴雨和洪水仍然发挥着重要的作用,因为雅丹体上残留有流水作用痕迹(董治宝 等,2011)。同时,流水侵蚀导致雅丹体形态不规则,缺少在风力长期作用下所具有的完美流线形态。此外,降雨过程还能对雅丹的微形态产生影响,例如导致粉沙与黏土物质在雅丹表面胶结,保护雅丹免受进一步的风力侵蚀(Hörner,1932),以及雅丹侧翼表面沟道的发育(Krinsley,1970)。

5. **风化作用**

目前对于风化过程在雅丹地貌发育中所起作用的研究较少。风化作用主要为风力的吹蚀过程提供物质基础。尤其是对于分布于干盐湖内部或边缘的雅丹地貌发育,盐风化可能起到了重要的作用。雅丹分布区通常年温差和日温差均较大,这种温度变化导致构成雅丹体岩层的机械应力发生变化,进一步导致雅丹体表面垂直裂隙的发育,最终导致雅丹体的崩塌。

6. **块体运动**

块体运动能够改变雅丹体表面特征,进而影响雅丹发育。块体运动按其作用方式和运动过程,包括蠕动和崩塌两种方式。蠕动指物质沿斜坡向下的缓慢移动过程。由盐土和黏土形成的雅丹,由于受到周期性的热胀冷缩作用,蠕动表现尤为明显(Krinsley,1970)。个体规模较大的块体物质多是通过崩塌的方式运动的。由于受到风力或流水的侵蚀,雅丹体下部岩层受掏蚀而变陡。这一过程对由岩性不均一岩层组成的雅丹表面尤为明显,当下伏松软岩层受外力掏蚀,使雅丹两翼变陡后,上覆坚硬岩层由于失去下伏岩层的支持而发生崩坍。

7. 溶蚀作用

对于由干旱和极端干旱环境中的干盐湖发育演化的雅丹,其组成物质通常有含量较高的可溶盐组分。雅丹体表面物质经可溶盐胶结形成厚层盐壳,质地坚硬,可保护雅丹免受外力侵蚀破坏。但是,大气降水和地表流水可溶解可溶盐组分,进而导致雅丹体表层的厚层盐壳破坏分解,导致雅丹发生溶蚀现象。可溶盐含量越高,溶蚀作用越显著。例如,溶蚀作用可能在龙城、白龙堆以及柴达木盆地等处的雅丹地貌发育过程中起到重要作用,因为这些区域的雅丹组成物质可溶盐组分含量极高(Dong et al.,2012a)。

1.2.6 雅丹演化模式

发育演化模式是雅丹地貌研究的重要内容,也是进行前期相关观测与实验的最终目的。根据地貌演化的空代时理论(黄骁力 等,2017),在一定的空间内沿着特定的方向,地貌特征往往在空间上呈现出由"新"至"老"演化序列。因此,通过采用风洞实验模拟(Ward et al.,1984)和野外实地考察(夏训诚,1987;Halimov et al.,1989;Brookes,2001;Dong et al.,2012a;Wang et al.,2018)等方法,学者们通过对全球多个雅丹区的研究,提出了多个雅丹地貌发育演化模式。虽然这些模式将雅丹发育演化分为三个、四个或者五个不同的阶段,但总的来看,均符合戴维斯的地貌侵蚀循环学说。这些研究除 Brookes(2001)

的研究外,均是以河湖相等松软沉积物发育的雅丹为研究对象。根据地貌侵蚀循环学说,可以将雅丹地貌的演化模式概括为如下几个阶段。

1. 幼年期

由于气候变干,湖泊面积逐渐缩小,直至完全干涸。干湖盆地表相对平坦,下伏皆为湖相沉积物,呈砂岩和泥岩互层分布。泥岩结构质地坚硬,外力侵蚀难以破坏。但是雅丹分布区气候干旱,风沙活动频繁,年温差和日温差均较大。岩层受热胀冷缩作用影响,发生周期性的涨缩过程,在泥岩表面产生许多水平和垂直节理,使泥岩表层逐渐松散,并逐层脱离剥落。泥岩遭受侵蚀后,使下伏的疏软沙层暴露出来,为外营力侵蚀创造了条件。在雅丹发育的幼年期阶段,流水起到了更加重要的作用。因为现阶段的雅丹地形起伏较小,气流较分散,不能在廊道内汇聚。

2. 青年期

风力和流水持续作用于幼年期阶段的地表,雅丹廊道快速加深,并侧向展宽。迎风端和其他不规则的突出部位逐渐圆化。原来相对平坦的地表,地形起伏逐渐增大,相对高差由 1 m 到几米,发展到雅丹地貌的青年期阶段。该阶段的雅丹发育突出表现为廊道的快速加深和展宽,且风力侵蚀在雅丹发育中的作用越来越重要。

3. 壮年期

随着外营力的持续侵蚀,细颗粒物质被带走,粗沙和砾石组分就地在廊道内堆积,构成了区域侵蚀基准面,雅丹廊道不能进一步加深。但是,廊道仍能进一步展宽,并导致雅丹体垄脊变窄,平坦的顶部面积逐渐缩小,致使雅丹体具有圆化的外形或锋利的垄脊。随着风力的侵蚀,雅丹体的突出部位进一步圆化,雅丹外形接近理想状态,走向与区域盛行风向或合成输沙方向近乎平行。基于其组成物质的属性差异,该阶段雅丹发育的突出特点表现为,雅丹体顶部趋于更加圆化或者锋利。

4. 老年期

随着风力、流水、风化、溶蚀、块体运动等外营力的持续作用,廊道进一步加宽,而雅丹体则持续缩小。原来的长垄状雅丹被分割为多个孤立土丘。因此,雅丹体上部进一步变窄,高度进一步降低。在雅丹演化的余下时间里持续进行这种演化模式,直至完全消失。

值得注意的是,上述雅丹演化模式多是基于野外实地考察,经理论分析得出的,各个演化阶段在时间上是相互连续的,很难截然分开。同时,研究区域不同,雅丹的形态特征差异较大,因此不同学者提出的模式在相应的演化阶段雅丹形态可能差异较大,例如楼兰和三垄沙雅丹,在青年期高度差别较大(夏训诚,1987;Dong et al.,2012a)。此外,这些野外考察和理论分析只能大致判断雅丹的演化序列和相应的形态特征,对于其演化的精确研究,例如不同演化阶段雅丹遭受侵蚀的部位差异和侵蚀速率等问题,仍需要借助室内风洞实验模拟和野外实地监测等多种手段。

1.2.7 雅丹的保护开发

1. 地质旅游内涵

地质旅游作为旅游领域中比较新的概念之一,最早由英国地质学家霍斯(Hose)于1995年提出并定义,在接下来的几十年里,国外的学者们对地质旅游的定义也进行了各种探讨。国际上许多学者对"geotourism"一词中的"geo"有诸多讨论:20世纪90年代到21世纪初,"geotourism"被英国和澳大利亚的学者定性为"地质的(geological)",侧重于地质作用产生的物质、景观以及地质学相关知识,包括如岩石类型、沉积物、土壤等形式,如火山、侵蚀、冰川作用等过程;然而,美国国家地理学会采取了更广泛的"地理的

(geographic)”立场，认为这包含了比地质更广泛的范围，如同文化旅游和生态旅游等小众形式。随着时间的推移，“geotourism”包括了如景区规划、资源保护、目的地管理、互动解说、游客满意度和社区利益等多方面。所以，“地质的”和“地理的”两者结合，会对地区的地质旅游潜力分析更加全面。

吴昭谦于1990年在《面向世界：开展地质旅游》一文中指出，地质旅游主要是观光、考察古生物、矿产、地震等地质相关内容，是需要主体有较强的专业性的一种科学考察旅游(吴昭谦，1990)。与国外相比，国内学者在此基础上也对地质旅游的定义进行了探讨和界定。有的学者从旅游开发的角度出发进行探讨，而有的则仅强调了地质旅游的对象及性质的差异(庄寿强，2000)。

由上述可知，各国学者对地质旅游的内涵、认识不尽相同，各自的侧重点也不一样。但大部分学者都认为地质旅游是以地质遗迹为基础，注重地质遗迹保护、强调教育意义以及促进当地社区发展的一种特殊的可持续性旅游。目前地质旅游的定义尚未统一，但其基本特征地质性、教育性、保护性和可持续性是明确的。此外，“地质”和“地理”这两种角度并不是相互排斥的，两者结合起来可以使地质旅游的内涵更加全面。

地质旅游学是地质学与旅游学的交叉学科，其研究的主体为旅游学，它的本质是属于旅游学的一个分支。目前关于地质旅游的定义尚未统一，但经过对国内外文献的总结可得出：地质旅游是一种以地质遗迹资源和地貌景观为依托，注重地质遗迹保护、强调教育意义以及促进当地社区发展的特殊的旅游形式。与普通的旅游形式相比较，地质旅游强调其客体主要为地质遗迹，产生的意义在于保护地质遗迹、传递科学知识和保护当地生态环境。所以，在实际的地质旅游中，我们要按照资源和条件的要求，结合区域地质遗迹资源的地质性、教育性、保护性和可持续性四个基本特征来进行开发和规划。地质旅游可分为五种旅游的类型：观赏型、探险型、解说型、引申型和隐喻型；四种旅游的方式：弥漫式、连贯式、插入式和休闲式（庄寿强，2015）。

2. 雅丹地貌的保护和旅游开发

国内外学者专门针对雅丹地貌保护和旅游开发的文献相对比较少。姜红忠（2004）以新疆哈密魔鬼城为例，探讨了雅丹地貌生态地质旅游价值。董瑞杰等（2013a，2013b）不仅对罗布泊雅丹地貌进行了旅游资源评价与开发相关研究，还对敦煌雅丹国家地质公园的景观美学进行了研究。袁昕（2014）对敦煌雅丹国家地质公园地质遗迹分类、评价及其可持续发展进行了研究。

1.3 柴达木盆地雅丹地貌研究进展

最早的柴达木盆地科学考察是19世纪由外国旅行家、探险家进行的。他们的考察报告和旅行日记的发表，使柴达木盆地的名字首次进入西方的科学文献之中（伍光和 等，1990）。但是，学者对雅丹地貌的研究却是自20世纪60年代以来才开始进行的。尤其是2000年以来，随着对类火星风沙地貌研究的开展，学者对柴达木盆地雅丹地貌进行了大量的科学考察与类比研究。

柴达木盆地出露有中国海拔最高、分布面积最广的雅丹地貌分布区（Kapp et al.，2011）。范锡朋（1962）研究了冷湖附近的雅丹地貌，并发现了三种雅丹地貌类型，即金字塔状、长垄状和流线鲸背状雅丹地貌。在此工作的基础上，Halimov 等（1989）进一步将冷湖与鱼卡之间的雅丹划分为八种类型，除上述三种外，还包括方山状、锯齿状、圆锥状、拱背状、低矮流线鲸背状雅丹地貌。此外，他们还根据不同演化阶段影响因子及外部形态的差异，提出了一个综合性的雅丹地貌演化序列。基于经典力学理论，Wang 等（2011）构建了沙粒与雅丹体的碰撞模型，并将其应用于柴达木盆地西北部雅丹的磨蚀速率计算,结果表明 1986—2010 年的磨蚀速率为 0.011～0.398 mm/a。该结果与基于宇生核素^{10}Be 测定的基岩下切速度相一致(Rohrmann et al.,2013)。李继彦等(2011,2012,2013)、Li 等(2016a,2016b)对柴达木盆地雅丹地貌的沉积物特征、风况、分布与形态等进行了系统研究。然而,这些研究仅涵盖了整个柴达木盆地的一小部分,对整个盆地雅丹地貌进行综合研究的成果较少。

Hu 等(2017)对整个盆地西北部的雅丹几何形态特征进行了研究,并对影响形态变化的地质、地貌及风况因素进行了探讨。Zhao 等(2018)提出了一种可以从影像中自动提取雅丹体并进行空间分析的方法,他们发现盆地西北部雅丹大部分位于背斜构造区域的上新世地层中。毛晓长等(2018)对柴达木盆地鸭湖地区水上雅丹的地层序列和沉积环境演变进行了综合研究,认为近年来人类活动改变了区域地表水体分布格局,导致湖泊面积扩张,淹没了部分雅丹地貌,形成了独特的水上雅丹地貌景观。Wang 等(2018)系统阐述了整个盆地雅丹地貌的分类、分布、几何形态及发育演化,并将其与火星上雅丹进行了类比研究。基于盆地内雅丹与沙丘的走向数据,吴桐雯等(2018)对柴达木盆地全新世晚期的古风况环境进行了重建。

1.4 研究内容与研究方法

1.4.1 研究内容

柴达木盆地是我国分布面积最广的雅丹地貌分布区,且形态类型多样(Halimov et al.,1989),有限的篇幅难以涵盖盆地内部所有区域、所有雅丹类型。在多位学者提出的柴达木盆地雅丹地貌演化模型中,长垄状雅丹均是最初始的雅丹类型,而其后因外营力组合差异或地质构造等因素的影响而演化为不同的雅丹类型。因此,长垄状雅丹究竟呈现出什么样的演化模式，就成为制约构建柴达木盆地雅丹地貌完整而准确演化序列的关键因素。本研究选择以柴达木盆地的长垄状雅丹地貌为研究对象，对雅丹的形态特征、风况环境及沉积物特征进行系统分析，进而提出该区域雅丹地貌的发育演化模式。本书的主要研究内容包括以下五部分。

1. 长垄状雅丹形态特征

基于 Google Earth 软件提供的高清影像，对区内长垄状雅丹的形态参数进行手动测量。所测形态参数包括长垄状雅丹长度(length)、宽度(width)、间距(spacing)、走向(orientation)，并基于宽度和长度数据计算形态比例系数(r)。此外，还在野外实地测量了部分长垄状雅丹的高度(height)。基于测量的雅丹形态参数数据，阐释长垄状雅丹的形态特征，并对其发育演化阶段进行初步判断。

2. 长垄状雅丹发育风能环境

雅丹是一种典型的风蚀地貌形态，为了阐明雅丹地貌的发育环境，首先要明确研究区的风况特征。为了获取研究区的风速风向数据，我们在距地表 2 m 高度处架设 WindSonic 二维超声风速仪以记录数据。分析研究区在测定时间内所有的风速风向数据，并利用起沙风的风速风向数据，计算输沙势，明确研究区的风况特征及风能环境。

3. 长垄状雅丹沉积物特征

根据工程施工开挖剖面出露的雅丹内部构造，测量剖面高度，根据不同地层组成物质颜色、盐块含量多少、粒度特征等进行划分并进行野外实地描述。根据划分的地层，在每层内采集代表样品，并进行编号。对每个样品测试其粒度、地球化学元素、矿物等物质组成信息，并进一步分析物质组成特征对雅丹地貌演化的意义、沉积物的风化特征及所指示的沉积环境。

4. 长垄状雅丹发育演化模式

基于获取的长垄状雅丹形态参数特征数据、风能环境数据及沉积物组成数据，并结合获取的研究区地质、地貌、水文、土壤、植被、气候等数据，建立长垄状雅丹的发育演化模型。

5. 在柴达木盆地地质遗迹资源调查和评价基础上，尤其是对雅丹地貌，提出保护和开发对策

对柴达木盆地地质遗迹资源进行调查分类，主要地质遗迹有雅丹地貌、古生物遗迹、冰川地貌和湖泊、盐湖，对这些地质遗迹资源进行定性和定量评价，并提出保护和开发建议。

1.4.2 研究方法

本研究所采用的研究方法及技术路线如图 1.1 所示。

本研究主要采用了野外观测考察、室内理化分析、风况分析、影像实测等方法。就野外观测考察而言，通过野外地貌调查，完成了长垄状雅丹沉积物样品采集和雅丹表面及廊道的调查工作；采用二维超声风速仪，进行气象观测，获得距地表 2 m 高度的风况资料。本研究的室内理化分析，在陕西师范大学地理科学与旅游学院完成沉积物样品粒度分析，在中国科学院沙漠与沙漠化重点实验室完成沉积物样品地球化学元素分析和矿物组成分析。同时，本研究还对 Google 影像进行了实测，获得了长垄状雅丹形态方面的数据。在对地质遗迹资源进行评价时，采用了德尔菲法(Delphi method)和层次分析法(analytic hierarchy process，AHP)。

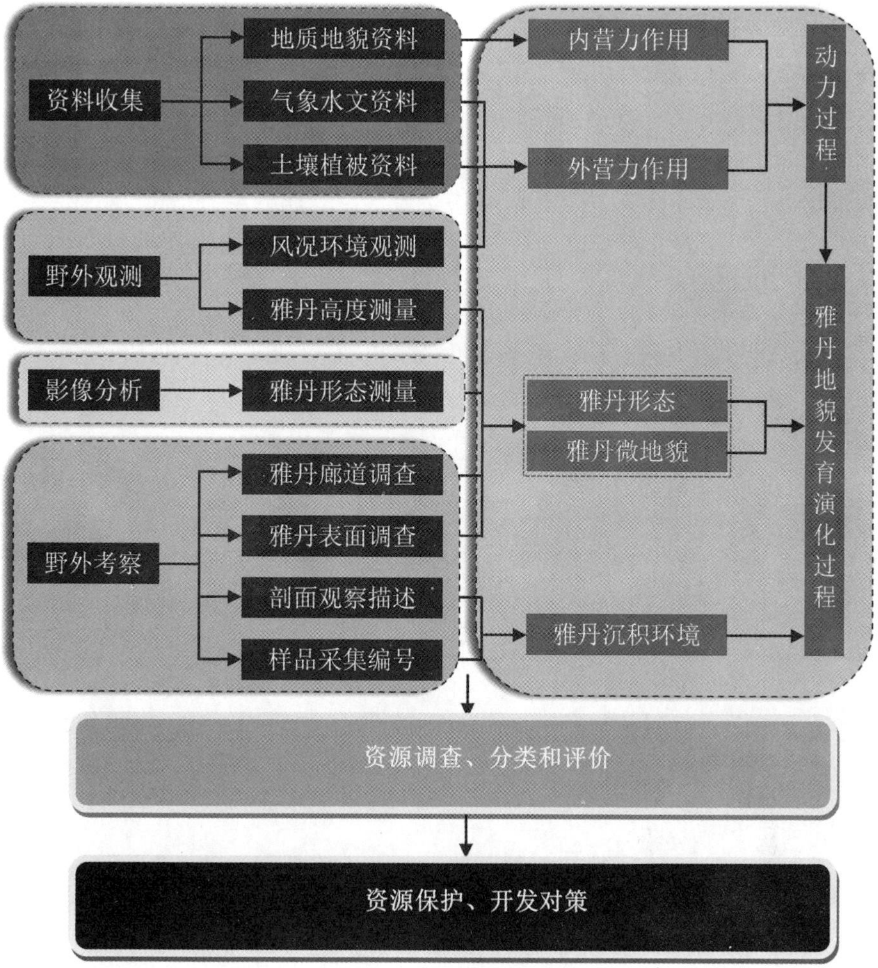
资料收集
地质地貌资料
气象水文资料
土壤植被资料
野外观测
风况环境观测
雅丹高度测量
影像分析
雅丹形态测量
野外考察
雅丹廊道调查
雅丹表面调查
剖面观察描述
样品采集编号
内营力作用
外营力作用
动力过程
雅丹形态
雅丹微地貌
雅丹沉积环境
雅丹地貌发育演化过程
资源调查、分类和评价
资源保护、开发对策

图 1.1　研究技术路线图

第 2 章

研究区自然地理概况

2.1 地理位置

柴达木盆地是青藏高原东北部边缘最大的山间断陷盆地，四周为高山环绕，西北部为阿尔金山，东北部为祁连山，西部和南部为祁曼塔格山和东昆仑山。阿尔金山是分隔柴达木盆地与塔里木盆地的天然界山，祁连山是柴达木盆地与河西走廊之间的天然屏障，而昆仑山则将柴达木盆地与青海南部高原完全阻隔。盆地与四周的高山均以断裂为界，大致呈一 NWW-SEE 走向的不规则菱形，盆地面积约 12×10^4 km²，地处 34°41′N～39°20′N、87°48′E～99°18′E。盆地内部海拔平均为 2800 m，而周围高山海拔可达 4000～5000 m。盆地四周的这些高大山体，在地形上实现了对柴达木盆地的完全封闭(见图 2.1)。这种天然的封闭地形对盆地自然地理环境特征的形成和发展，起着决定性的作用。

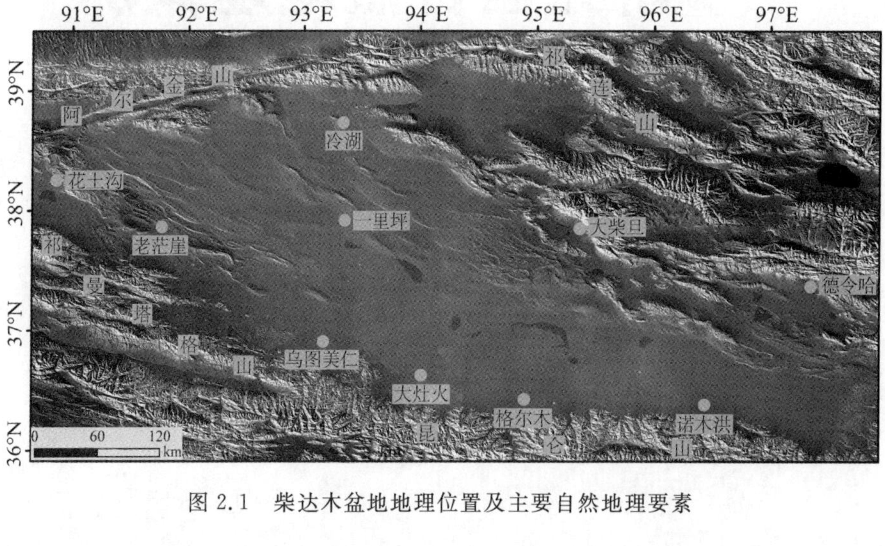

图 2.1　柴达木盆地地理位置及主要自然地理要素

在行政区划上，柴达木盆地主体归属于青海省海西蒙古族藏族自治州，仅极西一隅归属新疆维吾尔自治区若羌县，北部的苏干湖盆地则属于甘肃省阿克塞哈萨克族自治县管辖(伍光和 等，1990)。

2.2　自然地理概况

2.2.1　地质与地层

柴达木盆地大地构造位置处于亚洲中轴构造域和特提斯-喜马拉雅构造域的结合部位，区域上盆地北接南祁连造山带，南接东昆仑造山带，西以阿尔金断裂与阿尔金山为界，形成“三山一盆”的构造格局。根据板块构造理论分析，一般认为柴达木属于塔里木-中朝板块，可能是由中朝地块分裂出来的微型古陆，夹持在秦岭-祁连-昆仑古生代地槽褶皱带之间(李春昱 等，1982)。

在柴达木盆地的北部和西南部边缘发育有两套呈北西-南东走向的逆冲褶皱系统，分别位于南祁连山和东昆仑山前(Fang et al.，2007；Yin et al.，2008)(见图 2.2)。前者被称为柴北缘逆冲断层带(north Qaidam marginal thrust belt)，由三列大型向盆分布的逆冲褶

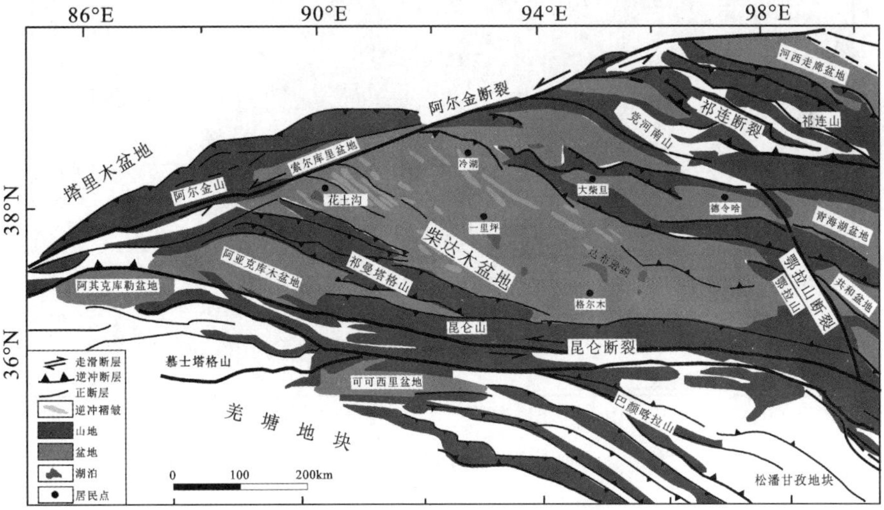

图 2.2　柴达木盆地及邻近地区的构造背景

(据 Meyer 等(1998)和 Zhang 等(2012a)改绘)

皱组成，分别为赛什腾山-锡铁山、冷湖-南八仙、俄博梁-鸭湖构造带；后者被称为柴西南缘逆冲断层带(southwest Qaidam marginal thrust belt)，由九列向盆分布的逆冲褶皱带构成，分别为昆北、阿拉尔、狮子沟-油砂山、干柴沟、咸水泉-油泉子、盐滩-油墩子、南翼山-黄瓜梁、小梁山-大风山、尖顶山-尖山构造带(Zhang et al. ,2012b)。

柴达木盆地地层最显著的特征是第三纪以前各地质时代的地层仅出现于盆地北部和东部的孤立山地。这些山地在构造上本属于祁连山地槽褶皱带，但因为若干小盆地的分割而失去了与祁连山的地势连续性，且高度已大大降低，故在地理上已属于盆地范围。第三纪、第四纪地层则广泛分布于盆地内相对低平地区，其岩性、构造特征和外营力作用的变化，是柴达木盆地现代景观，尤其是现代地貌特征的重要控制因素之一(见图 2.3)。

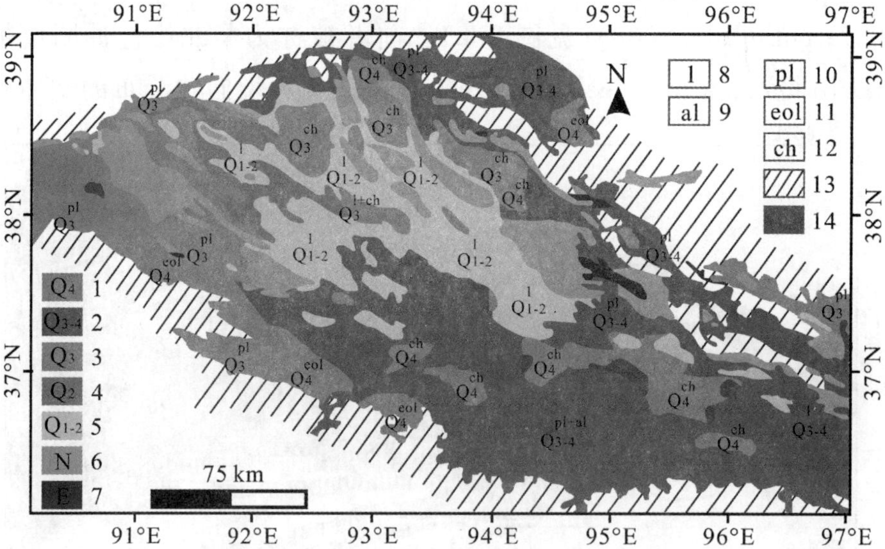

图 2.3 柴达木盆地第四纪地层分布(据沈振枢等(1993)改绘)

柴达木盆地是一个典型内陆沉积盆地，最早可追溯至前侏罗纪柴达木地块。自侏罗纪开始至今，盆地的演化史已有 213 Ma，发育了巨厚的中、新生代地层(肖传桃 等，2013)。其中，新生界是柴达木盆地最发育的地层，在整个盆地均有出露，但是主体分布于盆地西部地区。根据地面、钻井、古生物等资料，结合岩性、含油性和地震反射特征，新生界自下而上发育有古近系路乐河组、下干柴沟组、上干柴沟组，新近系下油砂山组、上油砂山组、狮子沟组共六套地层(见表 2.1)。

表 2.1　柴达木盆地西部新生代地层表

年代/Ma	地层				底界标准地震层	标准化石
	系	统	组	段		
3.0	第四系	全新统			T0	强壮青星介 清徐土星介
		更新统	七个泉组 (3.0 Ma)			
23.8	新近系	上新统	狮子沟组 (7.2 Ma)		T1	
		中新统	上油砂山组 (14.5 Ma)		T2′	正星介 柴达木花介 油砂山介
			下油砂山组 (23.8 Ma)		T2	
52	古近系	渐新统	上干柴沟组 (29.3 Ma)		T3	隆壳半美星介 中星介 中华梅球轮藻 多边真星介 光滑南星介 潜江扁球轮藻 克氏轮藻
		始新统	下干柴沟组 (42.8 Ma)	上段 (35.8 Ma)	T4	
				下段	T5	
		古-始新统	路乐河组 (52 Ma)		TR	

柴达木盆地为一构造断陷盆地(见图 2.2)，在古近纪时就已经成为一个封闭的内陆盆地，自古新世-始新世以来堆积了来自周围山地的大量冲积、洪积及湖相沉积物。新生代沉积物厚度最大可达 12 km (Xia et al.，2001)。钻孔、沉积学及地震反射数据均表明柴达木盆地

在最早期即古新世-始新世时期，其堆积中心位于盆地的西北部，也就是现在的一里坪凹陷区（Wang et al.，2006a）。然而，自渐新世以来，随着昆仑山和阿尔金山断裂的移动，柴达木盆地西部地区受到强烈的挤压并发生抬升，该过程导致柴达木盆地沉积中心逐渐转移到现在的位置，即三湖凹陷和达布逊湖地区（Liu et al.，1998；Meyer et al.，1998；Wang et al.，2006b）。同时，上述昆仑山和阿尔金山断裂的移动还导致一系列向盆断层和褶皱的发育，使原先均一的大湖盆被分裂为多个次级洼地和湖泊（Wang et al.，2012；Han et al.，2014）。同时，伴随着盆地内气候越来越干旱，次级湖盆面积逐渐缩小并转化为盐湖，最终形成干盐滩，盐壳在盆地内大部分地区均有发育。因此，在雅丹地貌发育之前，盆地西北部呈现出背斜与干盐湖相间分布的地表形态。虽然盐壳具有一定的抗侵蚀能力，但是风力作用仍能够利用极端干旱环境中盐壳表面产生的裂隙进行差异侵蚀，进而导致雅丹地貌的发育。而在发生褶皱的岩层更利于风力侵蚀，该过程导致位于核部的老岩层出露，并逐渐发育形成雅丹地貌。

柴达木盆地西北部次级洼地（湖盆）的表面主要由更新世湖相沉积物及盐壳组成，而褶皱构造主要由第三纪地层组成。在祁曼塔格山前的冲洪积平原上散布有全新世的风成沉积物（见图2.2和图2.3）。对柴达木盆地西北部次级洼地（湖盆）的钻孔研究表明，自渐新世中期至上新世晚期，该区域沉积了巨厚的石膏和岩盐沉积物。新近系地层主要由泥岩、钙质泥岩和泥灰岩组成，并夹有粉砂岩、石膏和岩盐地层，且它们大都富含碳酸盐。晚上新统-更新统沉积物含有黏土、泥岩、厚层岩盐和石膏，以及盐湖沉积物（Li et al.，2010；Zhang et al.，2012a，2012b）。

本研究的研究区域主要位于柴达木盆地西北部的冷湖附近，东、西分别以昆特依和大浪滩干盐湖为界，北抵俄博梁背斜。在该区域内分布有典型的长垄状雅丹。干盐湖主要由晚更新世到全新世的湖相沉积物组成;俄博梁背斜的上部主要为晚上新世到早全新世的地层,主要为石灰岩、钙质泥岩、泥灰岩,并间有石膏和盐层(Tuo et al.,2003)。

2.2.2　地貌

柴达木盆地的地貌是在内陆干燥盆地条件下发育的。因此,地貌的荒漠特征十分显著。这一特征主要表现在盆地的地貌外营力及其组合性质为荒漠地区所固有,诸如风力地貌分布极为普遍,流水特别是暴雨洪流或冰雪融水洪流堆积地貌广泛发育并在其后期发展中受到风力的强烈作用,较老的湖积物质经历构造变动后又遭受风力强烈侵蚀和搬运,而近代湖积物质则由于严重的盐渍化以致形成广大的盐土平原或沮洳地等。荒漠特征还表现在本区的主要地貌类型有山麓洪积倾斜平原、风蚀残丘、风沙堆积地貌和湖积平原等,都反映了盆地构造环境和荒漠气候条件的突出影响(伍光和 等,1990)。

地貌格局的形成与分布受内营力和外营力的双重影响。受青藏高原抬升的影响,盆地构造运动强烈作用,使盆地与周围山地高差逐渐增大,地貌的区域分异逐渐显著。盆地现代地貌作用的主导外营力是风力侵蚀及干旱剥蚀,流水作用居次位。周围山地受强烈的干旱剥蚀作用,而盆地内部广布雅丹地貌,间有大片沙丘或山地的分布,在山前冲洪积平原上普遍发育砂砾质戈壁。由于盆地蒸发量远远大于降水量,使地下水盐分在地表集聚,盆地内部盐碱化严重,有些区域地表形成厚层盐壳。总的来看,盆地地势西北部高,东南部低,自西北向东南倾斜;由山麓地带至盆地中心,则是山麓地带高,中心地区较低,从山麓地带向盆地中心倾斜(向理平,1991)。

柴达木盆地地貌环带状分异现象十分显著。一般从山麓到盆地中心依次分布有低山丘陵、台地、沙丘覆盖平原、洪积平原、冲积-洪积平原、冲积平原、冲积-湖积平原、河漫滩和阶地、湖积平原、湖泊

(盐湖)等地貌类型。盆地中的山地主要包括高山、中山、低山、丘陵等地貌类型(见图 2.4)。从盆地的整个地貌格局看,分布呈环带状结构,这主要是由于周围山地的长期持续上升,且盆地不断下陷造成的(任美锷 等,1979)。

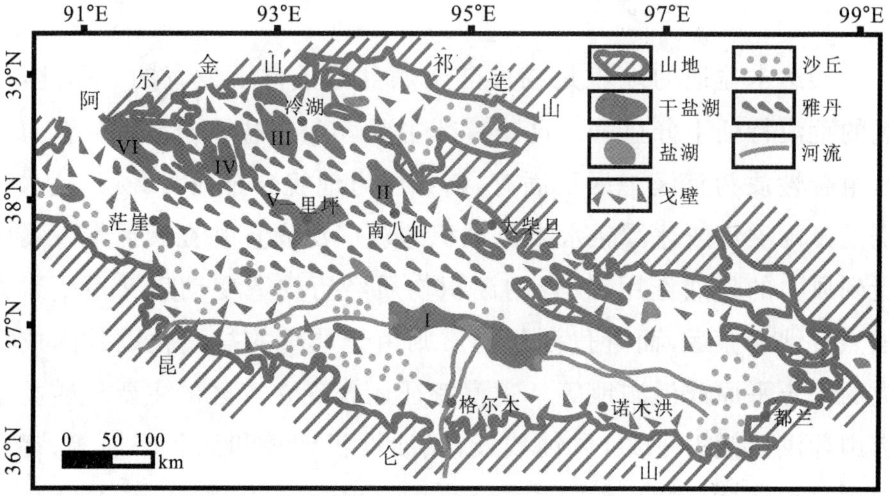

图 2.4　柴达木盆地主要地貌类型及其分布(据 Chen 等(1985)改绘)

按照塑造地貌主导营力的不同,盆地的主要地貌类型包括干燥剥蚀山地、风沙地貌、流水地貌、湖泊-流水地貌、湖泊地貌以及构造地貌。从地貌呈现的外部形态上看,主要有高山、中山、低山、丘陵、台地和平原等类型(向理平,1991)。柴达木盆地主要地貌类型特征及分布如下。

1. 山地地貌

山地地貌主要分布于盆地四周,从成因上看均属于干燥剥蚀山地地貌。其中,干燥剥蚀高山山顶多呈角峰状,峭壁耸立,沟谷发育,强烈的风化作用产生大量的碎屑物质,遇暴雨易发山区洪流和泥流,将碎屑物质由山区搬运至山前,为山前砂砾质荒漠戈壁的形成奠定了物质基础。干燥剥蚀中山相对高度多为 700～1000 m,坡度较大,物理风化强烈,乱石堆较发育,坡度纵比降较大。干燥剥蚀低山多呈圆锥状和猪背状，坡度较缓和，局地由于岩性变化则坡度较陡，可发育陡崖。

2. 丘陵

丘陵主要分布于盆地东北部和西部，属于干燥剥蚀丘陵，相对高差 50～100 m，顶部可呈浑圆状、馒头状或梁状，四周斜坡和缓，坡脚常发育松散堆积物。有的沟谷纵横交错，把丘陵切割的支离破碎，地表风化和风蚀严重，砾石岩屑遍布。

3. 台地

台地主要分布于阿尔金山和祁连山山前地带。大多数台地表面均有砂砾成分，说明台地是抬升的早期堆积面。位于西部阿尔金山的山前台地，由于降水稀少，台地所受外营力影响较弱，故台地保存完整，面积较大。这些台地多是在早更新世以后形成的，后期受新构造运动的影响，同时又经受长期的干燥剥蚀作用，逐渐形成现代的台地面貌。

4. 沙丘

柴达木盆地的沙丘分布范围虽广，但是总的面积并不大，约 2×10^4 km^2，主要分布于盆地西部、南部、东部的洪积平原、冲积阶地上和某些风蚀洼地中。其中，在昆仑山西段的祁曼塔格山和沙松乌拉山的北麓、盆地东部夏日哈—铁圭间的柴达木河中游地区、察尔汗盐湖周边地区分布比较集中(陈丙咸 等，1959；Li et al.，2016b)。沙丘的发育受到风力作用、沙物质供应、下伏地形等多种因素的影响。例如，盆地西部，西北风盛行，固结性较差的第三纪岩层和第四纪洪积物可提供丰富的沙物质来源，在大致呈北西-南东向的祁曼塔格山前形成带状沙丘区。盆地内沙丘形态复杂多样，根据其形态特征和成因机制的不同，主要包括新月形沙丘及沙丘链、格状沙丘及格状沙丘链、线形沙丘、梁窝状沙丘、沙堆等。

5. 冲积-洪积平原

冲积-洪积平原主要分布于昆仑山、祁连山和阿尔金山山麓地带，呈带状分布，面积较广。冲积-洪积平原地势由山麓向盆地倾斜，扇顶坡度多为 2°～7°，下部较平缓，坡度为 1°～2°，水平宽度一般为 20～30 km。由于冲积-洪积平原地势相对平坦，河流流经路线多变，故多发育片状和线状侵蚀，细沟发育普遍。冲积-洪积平原在长期的风力吹蚀分选作用下，细颗粒物质被带走，粗大的砂砾石物质滞留在原地，形成戈壁地貌景观。

6. 冲积平原

冲积平原主要位于昆仑山和祁连山的山麓冲积-洪积扇前缘潜水溢出带以下。河流由于受到潜水补给，水流流量较稳定，在河流两侧形成较宽广的冲积平原。由于河流发育于长期沉降区，河谷不受地形约束，故相邻河流发育的冲积平原往往能够相互连接，形成宽广的冲积平原带。如在盆地南部和东南部，柴达木河、香日德河、诺木洪河等河流冲积平原相互连接，形成宽数十公里的平原带，地形平坦，地面坡度小于 1°，地表物质组成以细粉沙为主。此外，在冲积平原上可见零星分布的沙丘。

7. 冲积-湖积平原和湖积平原

冲积-湖积平原和湖积平原主要分布于盆地内各湖泊的四周。冲积-湖积平原主要分布于河流汇入湖泊的周围地区，湖积平原主要分布于现代湖泊的周围地区。此外，这两种平原在第四纪古湖消失后的低洼地带也会出现。湖积平原受河流影响较小，地势平坦，没有明显的河流，地面很少受切割，低洼地区可季节性积水，并有大片沼泽或草甸沼泽发育，地面盐碱化现象普遍，物质组成以湖相沉积物为主。冲积-湖积平原受河流和湖泊的双重影响，由冲积物和湖积物组成。

8. 雅丹地貌

雅丹地貌主要分布于盆地西北部，分布面积较广。该区域地表物质多为疏松的泥岩和粉砂岩，受喜马拉雅构造抬升的影响，受挤压形成许多 NW-SE 向的短轴背斜构造。后风力作用沿着泥质岩层裂隙不断吹蚀，疏松物质被带走，裂隙越来越大，原来平坦的地表发育形成垄脊和沟槽相间分布的地形，进而形成雅丹地貌。

就地貌布局而言，柴达木盆地冲洪积砾质戈壁、雅丹、风棱石以及沙丘广布，是内陆干旱荒漠盆地的共有特征。与塔里木盆地不同，沙漠并不完全占据盆地中心，而是被盐湖和干盐滩所替代，且各主要地貌类型围绕大小盐湖呈多中心环状分布，这是柴达木盆地地貌分布的特殊性(伍光和 等，1990)。

2.2.3　气候

柴达木盆地位于亚欧大陆腹地，是亚洲大陆干极核心，处于中纬度西风带和东亚季风系统的交界地带(陈碧珊 等，2010)。柴达木盆地属于典型的高原大陆性荒漠气候，干旱多风，日照丰富，年蒸发量远远大于年降水量，冬季寒冷漫长，夏季凉爽短促(时兴合 等，2005)。柴达木盆地海拔较高，年平均气温低，气温年较差、日较差、年际变化均较大，春季温度回升快，而冬季温度降低迅速，盆地内各地温度相差较悬殊。盆地内年平均气温为 1～5 ℃，等温线为封闭环状系统。

柴达木盆地常年盛行西风，但是西风所带来的水汽数量有限，而西南季风在越过横断山脉后，其尾闾可达盆地东南部，是盆地内降水的主要来源。因此，盆地内降水梯度在空间上具有自东南向西北递减的趋势(徐浩杰 等，2013)。盆地东南部的年降水量可超过 100 mm，而西北部则小于 20 mm。此外，降水量还表现出明显的垂直变化梯度。盆地中心的年降水量小于 30 mm，构成一个降水极少的中心。由此中心向周围山地，随着海拔高度的增加，降水量逐渐增多。由于盆地内水汽甚微，云量很少，因此，柴达木盆地的年日照时数可达 3000 h 以上，是我国多日照的地区之一。

柴达木盆地高空终年盛行西风。地面风由于受地形的影响，西风环流在山地两侧转变为地方性山谷风环流，因而盆地内部山地和盆地之间地方性环流盛行(王发科 等，2007)。盆地内年平均风速为 2～5 m/s，西北部风速较大，具有向东南部逐渐递减的趋势。由于多大风，因此柴达木盆地经常暴发沙尘暴，尤其是每年的 3 月至 5 月(伍光和 等，1990)。

2.2.4 水文

柴达木盆地的地表水和地下水在补给来源、年内年际变化、分布规律等方面均受其地形条件和气候特征的影响(伍光和 等，1990)。柴达木盆地四周高中间低的地形特征，使柴达木盆地成为 NWW-SEE 走向的不规则菱形向心汇水盆地，所有河流均发源于四周的高山，盆地中南部发育许多零星分布的盐湖(陈梦熊，1957)，如图 2.5 所示。

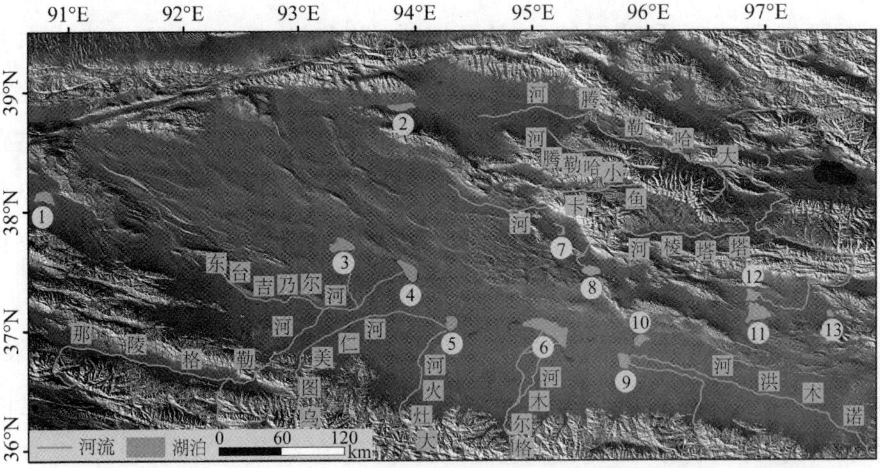

1—尕斯库勒湖；2—苏干湖；3—西台吉乃尔湖；4—东台吉乃尔湖；5—涩聂湖；6—达布逊湖；7—大柴旦湖；8—小柴旦湖；9—南霍布逊湖；10—北霍布逊湖；11—克鲁克湖；12—托素湖；13—尕海

图 2.5 柴达木盆地地表主要河流与湖泊

柴达木盆地内共发育有大小河流 70 余条，其中常年性河流有 43 条。所有河流均发源于周围高山，河程短小，呈辐合状向盆地中心汇聚，下游多潴积为湖泊或消失于沙漠戈壁中。河网分布上，东部密集而西部较稀疏（伍光和 等，1990）。所有河流均发源于祁连山地与昆仑山地，组成分布于盆地南北两侧的水流系统。盆地西北部的阿尔金山海拔较低，气候极端干旱，山顶不发育积雪和冰川，故只有稀疏干涸的水网分布于山坡（杨纫章 等，1963）。柴达木盆地地表主要河流包括那陵格勒河、乌图美仁河、大灶火河、格尔木河、诺木洪河、香日德河、哈勒腾河、巴音河等（见图 2.5）。

河流水源依靠冰雪融水、地下水和大气降水的补给，其中前两者起着主要作用。柴达木盆地四周为高山环绕，高大山体的峰顶分布有终年积雪并发育有巨大冰川，为盆地内地表径流和地下水提供了稳定的补给来源。同时，由于柴达木盆地为燕山运动时形成的构造断陷盆地，盆地内沉积了巨厚的松散碎屑物质，为地下水的赋存提供了有利的载体，因此，盆地内地下水资源含量丰富（杨贵林 等，1996）。

柴达木盆地是我国盐湖分布最多的地区之一，全区共有大小湖泊 30 余个，除克鲁克湖为淡水湖外，其余均为盐湖或咸水湖。区域气候干旱，年蒸发量远大于年降水量，湖水经过长时期的蒸发浓缩，形成了大量的盐类资源，具有巨大的经济价值（张家桢 等，1985）。

2.2.5　土壤

柴达木盆地周围及边缘山地的土壤直接发育于基岩风化产物之上，土壤形成时代较新，土壤类型及其组合模式较为简单，多发育高山寒漠土、高山草甸土、高山草原土、灰褐土、山地栗钙土等。盆地中其余的土壤都发育于第三纪和第四纪沉积物基础之上。因地下水位深浅差异，湖泊周围多发育水成和半水成土壤，在洪积扇、风蚀洼地及丘陵上则多存在自成土壤。土壤类型及组合亦相对复杂。盆地东部地区年平均降水量相对较多，为荒漠草原带，形成草原土壤（郝永萍 等，1998）。西部地区降水稀少，植被稀疏，多发育荒漠土壤。固定和半固定沙丘上，形成风沙土和荒漠土壤。盆地中央低洼地区为众多河流的尾闾及盐湖分布区，多发育沼泽土、沼泽草甸土、盐碱土等。

柴达木盆地土壤分布随着生物气候条件的地域性更替呈现出明显的水平和垂直分布规律。柴达木盆地南北跨越约三个纬度，位于干旱荒漠和半荒漠气候带内，因此土壤的地带性分异不明显。但是，盆地东西跨越达十个经度，约 800 km。受温带海洋性季风影响程度的不同，盆地内部的土壤自东向西呈现出荒漠草原棕钙土、灰棕荒漠土、石膏灰棕荒漠土的更替现象。土壤的垂直分带现象是由生物气候条件随着海拔高度的变化而造成的。例如，昆仑山北坡基带土壤是灰棕荒漠土，随着海拔高度的增加，呈现出灰棕荒漠土—棕钙土—高山草原土—高山草甸土—高山寒漠土这样有规律的更替现象。

此外，土壤在与局地成土母质、地形、水文地质和地球化学相适应的过程中，还表现出一定的地方性特征；在经过灌溉、耕作条件下，则表现出与人类经济活动相适应的特征（伍光和 等，1990）。

2.2.6 植被

柴达木盆地的植物，在长期适应区域气候干旱和土壤不同程度盐化的生态环境条件过程中，形成了自身独有的生态特征，例如植株相对矮小、多丛生状、多具旱生形态、植株根系发达且具深根性、多具泌盐功能等（伍光和 等，1990）。根据李世英等（1958）对柴达木盆地植被与土壤的调查，发现除周围高山外，盆地内有天然植物约 193 种，分属 38 科 133 属。其后的调查研究发现，包括周围山地在内的盆地植物共有 418 种，分属 53 科 196 属（伍光和 等，1990）。

柴达木盆地植被属于比较古老的植物区系，虽然在长期的演化过程中受到其地理位置、生态环境、不同区系植物接触等因素影响，形成了少数特有植物，但从整个植被性质上看，仍属于荒漠半荒漠性质植被，具有极强的贮存水分能力，能够适应极端干旱的气候环境（樊光辉 等，2005）。其主要特征可概括如下：①植被群落的种类成分少，结构简单；②植被覆盖面积较小；③植被种类以荒漠植被为主，其他类型面积很小；④植被的垂直带谱发育不显著；⑤植被演替大多属于外因演替。

柴达木盆地深居内陆，周围受到高大山地环绕的影响，因而水热条件组合复杂，植被分布具有自身特点。①由大气降水变化引起的经向地带性分布规律：盆地东西跨越近十个经度，随着大气降水自东南向西北递减，植被相应呈现出由荒漠草原带—荒漠带—极端荒漠带过渡的规律。②盆地中地貌和基质引起的环带状分布规律：从盆地边缘至中心，随着沉积物颗粒逐渐变细，土壤和地下水含量逐渐增加，地下水水位增高，导致植被类型由山前的灌木、半矮灌木砾漠带，逐渐过渡到冲积平原和湖积平原的灌木沙漠带—灌木盐漠带—盐生草甸带，直至盆地中心的裸露盐壳和盐湖（孙世洲，1989）。

2.3 地质背景

柴达木盆地是一个巨大的山间盆地，是由四周山地（祁连山、阿尔金山、昆仑山）的褶皱或断块上升加之柴达木本身的相对下陷而构造出来的，这是柴达木成为盆地的关键性因素，也是盆地形成现代自然地貌景观、地质遗迹景观的决定性条件。泥盆纪之前，昆仑山和祁连山均为强烈下沉的地槽区，而柴达木则是一个隆起带，介于两者之间。由于地壳运动，昆仑山、祁连山地槽相继褶皱成为山地，阿尔金山也发生了断层而升高，柴达木才由隆起带转变为相对下陷带。柴达木地块从震旦纪到奥陶纪中期都是由晚元古代变质岩组成的结晶基底的陆地，从侏罗纪开始逐渐发展成断裂盆地，到了第三纪初期，由于周边山地隆升导致整个盆地都塌陷了下去，才形成了今天的柴达木盆地(李曼，2019)。

2.3.1 区域地层

第三纪之前的各个地质时代的地层仅出现在盆地东缘和北缘的孤立山区，而第三纪和第四纪地层则遍布于盆地各个相对低平的区域，它们的岩性、构造特征以及在外力作用下的变化都是柴达木盆地地质遗迹资源(景观)的重要形成原因。盆地主要地层按时间顺序简述如下。

1. 第三系

第三系在盆地内广泛地出露着，表现为断陷盆地型陆相红色碎屑岩。①渐新统 E_3：在盆地西部称为干柴沟群，主要是红色、灰绿色粗砂岩、砾岩夹少量砂页岩，属山麓洪积相；东段称为路乐河组，主要由红色粗碎屑岩组成，也属于山麓洪积相，但向盆地内逐渐变成湖相沉积。②中新统 N_1：在盆地西部称为油砂山群。边缘为河流相红色碎屑岩和泥质岩，下部夹杂色泥岩，油砂山、油泉子等地有含油砂岩、油浸页岩等；底部为疙瘩状泥岩。盆地内部主要为湖相灰绿-灰棕色泥质岩、夹灰岩、砂岩。在盆地东部称为下大红沟群，是一套内陆湖泊三角洲相沉积，包括红色砂泥岩夹灰色和灰绿色碎屑岩、杂色泥岩等。③上新统 N_2：在盆地西部称为狮子沟群，东部为上大红沟群。上大红沟群上部 N_2^b 岩性比较一致，盆边为洪积相灰色砾岩，内部为湖相灰色、灰棕色砂岩和泥页岩互层夹石膏，局部有盐岩和层间砾岩。下部 N_2^a 岩性差别较大。狮子沟群下部在盆边以冲积相灰黄岩、棕黄色碎屑岩和泥质岩为主，盆地内部则为湖相浅棕色、土黄色泥质夹砂岩、灰岩和石膏层。上大红沟群下部为冲积相土黄色砂砾岩。上、下两部分之间一般呈整合关系，但在大风山、大小沙坪构造可见局部不整合。上新统与下伏中新统为整合关系，盆地中新与上覆早更新世地层为连续沉积，但边缘为不整合。

2. 第四系

第四系在盆地内分布也非常广泛，并呈显著的分带现象，成因类型也比较复杂多样。①早更新统 Q_1：Q_1^1盐湖群，为黄绿色、灰棕色泥岩、含砂泥岩、灰色砂岩互层夹砂质泥岩、细砾岩、泥灰岩及石膏层，与下伏地层不整合；Q_1^{P1} 在盆地西部曾称七个泉组，主要分布于盆地北部、西部边缘，为洪积相灰色砾岩夹砂岩及砂质泥岩，与下伏第三系不整合。②中更新统 Q_2：Q_2^L为以棕灰、灰绿色粉砂岩、砂质泥岩及泥岩为主夹层间砾岩、泥灰岩，部分夹盐层、芒硝、石膏，主要为湖积相，但在盆地西北部为洪积湖积相。③晚更新统 Q_3：包括许多种成因的沉积物，但以 Q_3^{P1} 为主，组成物质为砂砾，除洪积相外，还有冲积相、湖积相及各种过渡相。④全新统 Q_4：Q_4^{eo1} 风浅沙呈带状分布于盆地西部、南部和东部边缘；$Q_4^{a1\text{-}p1\text{-}1}$ 为冲积、洪积、湖积灰色粉砂和黏土沉积；Q_4^{eh}包括食盐、光卤石、钠硼解石、氯化镁等沉积。

2.3.2　区域构造

柴达木盆地的基底是由前寒武纪结晶变质岩系组成的，盆地地势由西北向东南略微倾斜，海拔高度从 3000 m 降低到 2600 m 左右(李曼，2019)。从盆地的中心到边缘依次分布着湖积淤泥盐土平原、湖积-冲积粉砂黏土质平原、冲积-洪积粉砂质平原、洪积砾石扇形地(戈壁)，地貌呈现出同心环状的分布状态(邵贵航，2016)。盆地西北部戈壁带内缘比较高，低于 100 m 的垅岗、丘陵成束成片分布着。盆地东南部沉降剧烈，冲积平原与湖积平原广泛分布，一些主要的湖泊也都分布于此，例如达布逊湖和南、北霍鲁逊湖。另外，柴达木河、素林郭勒河和格尔木河等下游沿岸及湖泊周边地区也分布着大量沼泽。盆地东北地区，由于有一系列的变质岩系低山断块隆起，在盆地和祁连山脉之间形成了乌兰、德令哈、大小柴旦和花海子等一些次一级小型山间盆地(宋向辉,2016)。盆地中的河流分别流入了其处于低洼中心的湖泊水域里,常流河较少,大部分都属于间歇性河流。盆地内的河流、水域主要分布于东部地区,西部地区的水系分布则十分稀疏。该地区的湖泊水质大部分已经被咸化,现共有30余个大大小小的盐湖。

2.4 社会经济发展概况

柴达木盆地地区通常是指青海省海西蒙古族藏族自治州内,除天峻县和唐古拉地区之外的区域,即格尔木、都兰、乌兰三县市和大柴旦、芒崖、冷湖三个州属镇的辖区。海西州位于青海、西藏、新疆和甘肃四省区要冲,是西部腹地的综合交通枢纽。目前,海西州已基本形成了以德令哈市、格尔木市两地为中心,以青藏铁路、国道、省道为骨架,以公路、铁路、民航为支撑的立体、综合交通运输网络。柴达木盆地位于青藏高原的东北边缘,因其身居内陆和世界屋脊的特殊地理环境,才形成了柴达木地区典型独特的自然景观和人文资源,造就了柴达木独具魅力和丰富多彩的旅游资源,具有较强的旅游吸引力和市场竞争力。

近几年,海西蒙古族藏族自治州把“全域旅游 · 全景海西”作为全州旅游业发展的战略目标,以“全域发展、全景打造、全季开发、全业融合、全民共享、全局统筹”的总体要求,积极融入国家及青海省旅游规划中的发展大局。柴达木地区也依托上述战略目标和总体要求,推出“祖国聚宝盆,神奇柴达木”的旅游品牌形象,大力推进旅游业与工业、农业等相关产业的深度融合,积极培育旅游新业态,努力打造中国西部最具影响力的生态旅游黄金目的地,旅游接待人数和经济收入也接连攀升。海西州以工业园区为依托,发展集休闲娱乐和科普教育于一体的工业旅游产品,开发具有区域特色的盐产品、枸杞、藜麦、昆仑玉等旅游商品和特色产品的加工、生产和销售,打造食用盐、牛羊肉、矿泉水等生态产品，提高地区旅游业的综合效益。

海西州发挥着独特的自然景观和人文生态旅游资源优势，坚持把生态资源优势有效转化为生态价值，积极探索与拓展文化旅游互动发展的空间，促进文化旅游业的融合发展，努力实现建设“国际高原生态旅游目的地”的发展战略。

第 3 章

长垄状雅丹分布与形态特征

形态特征是雅丹地貌研究的重要内容，也是目前进行雅丹地貌分类的主要依据。不同雅丹地貌类型呈现出相应的形态特征，受影响其形成发育的内、外营力及作用时间的制约。因此，对于地貌形态的系统研究，也可以侧面反映相应地貌类型的发育演化阶段及所受内、外营力的类型。本章主要通过对长度、宽度、长宽比、廊道间距、走向等参数的统计分析，阐释了长垄状雅丹的形态特征，并对其发育演化阶段进行了初步判断。

3.1 数据获取与分析方法

3.1.1 数据获取

地貌形态测量手段多样，包括使用卷尺、罗盘、测斜仪、经纬仪、高度计等设备的传统野外实地测量，但是野外实地测量效率较低，且测点密度较小，精度难以控制；后来逐渐发展到使用全站仪、差分GPS、3D扫描仪、无人机摄影等多种测量手段，测量范围更广，且效率和精度均有提高(钱广强 等，2019)。但是，由于这些测量手段均需要消耗大量的时间和经费，因此本研究主要基于遥感影像提取雅丹形态参数。谷歌地球提供的高清图像为沙丘(Al-Masrahy et al.，2015)和雅丹(Goudie，2007)等大型风沙地貌的形态测量和分类研究提供了基础。考虑到地貌形态具有区域性特征，因此本研究采用Halimov等(1989)对柴达木盆地雅丹地貌的分类方案，对长垄状雅丹形态参数进行提取。

在谷歌地球高清影像上，将雅丹体视图调整到合适的大小，使雅丹体可以完整显示。从长垄状雅丹的上风向端点至下风向末端，利用标尺等测量工具，读取其地面长度作为长垄状雅丹的长度(length，简记为 l)，并将上风向端点至下风向末端的连线方位数据作为雅丹的走向(orientation)；选择长垄状雅丹的最宽部位，利用标尺等测量工具沿着与雅丹走向垂直的方向测量其地面距离，即为其宽度(width，简记为 w)。同时，将测量过的雅丹打点标记。研究中，共测量雅丹 700 个，相应获取长度、宽度、走向数据 700 组。间距的测量是通过自上风向至下风向，以 1 km 为间距，沿与雅丹走向垂直方向做多条横截面，测量并记录每一条横截面上的雅丹廊道间距。研究中，共获取间距数据 1036 个。

3.1.2　分析方法

对于获取的 700 组长垄状雅丹长度、宽度、走向数据和 1036 个廊道间距数据，利用 Excel 软件对其进行统计分析，分别统计其最大值、最小值、平均值、标准差等参数，利用 Origin 9.0 软件制作其柱状图和累计概率分布图。其中，由于形态比例系数 r 是重要的形态特征参数，通常被用来指示雅丹的流线程度，因此，也对其进行了细致的分析。形态比例系数 r 的计算公式如下

$$r = w/l \tag{3.1}$$

式中，w 代表雅丹体最宽部位的宽度；l 代表雅丹体的长度。

3.2　分布特征

柴达木盆地西北部是中国最大的雅丹地貌分布区。柴达木盆地雅丹地貌分布区的西部、北部和东部以山前冲洪积扇为界，与周围的高大山地相连；而在南部和东南部则以沙丘区、盐湖、河流、干盐滩等为边界(见图 3.1)。在柴达木盆地雅丹地貌分布区的南部，当春季温度升高冰雪融水增加时，河流水量增大，湖泊面积扩大，在湖泊与雅丹地貌的交界处可形成典型的水上雅丹景观。这种短暂的地表流水在雅丹地貌发育的初期起到了重要作用，在雅丹地貌发育后也可加速块体运动过程，加快雅丹地貌的演化过程(Li et al.，2016a)。

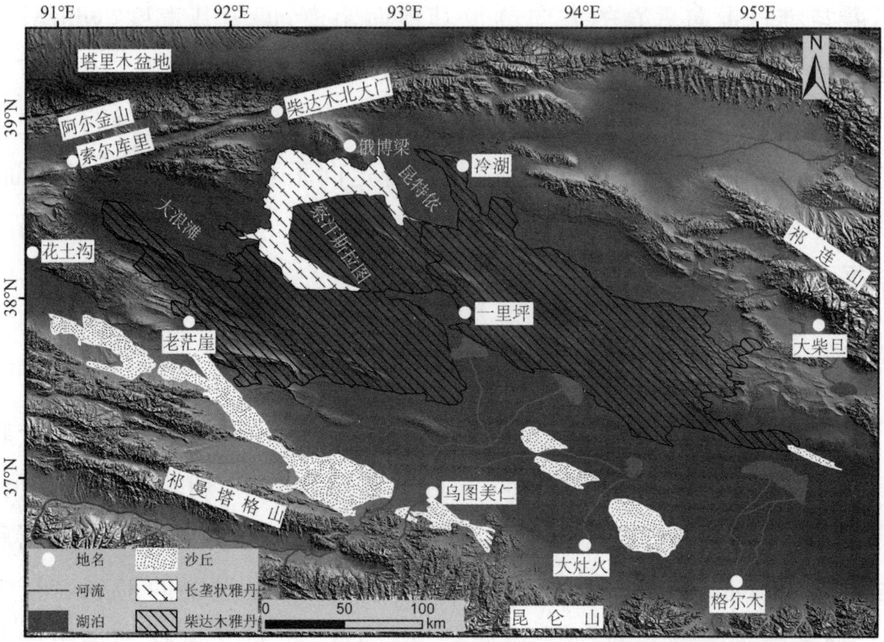

图 3.1　柴达木盆地长垄状雅丹分布特征

其中，长垄状雅丹主要分布在柴达木盆地雅丹分布区的最北部，由阿尔金山的柴达木北大门山前冲洪积扇开始发育，向盆地内部延伸，东部和西部分别以昆特依和大浪滩干盐湖为界，南部包括部分察汗斯拉图干盐湖，并与其他雅丹地貌类型相连接，逐步过渡为方山状、圆锥状、锯齿状、猪背状雅丹等类型。

3.3　形态特征

3.3.1　长度与宽度

长垄状雅丹以其长度远远大于宽度为典型特征。通过对所测量的700个长度数据的统计分析，发现长垄状雅丹的最大长度为3366.34 m，最小长度为33.53 m，平均长度为500.66 m。其中，长度为[200,400) m的长垄状雅丹数量最多，为233个，占所有测量数据的33.29%；长度为[0,200) m 和[400,600) m 的长垄状雅丹分居二、三位，数目分别为 158 个、129 个，分别占所有样本的 22.57%和 18.43%；其余长度区间的长垄状雅丹所占比例均低于 10%[见图 3.2(a)]。柴达木盆地的长垄状雅丹长度较相较于位于非洲的乍得和纳米比亚以及南美洲安第斯山区的长垄状雅丹稍小，这可能与组成雅丹的物质结构和岩性以及外营力作用时间等因素有关(de Silva et al.，2010；Li et al.，2016a)。

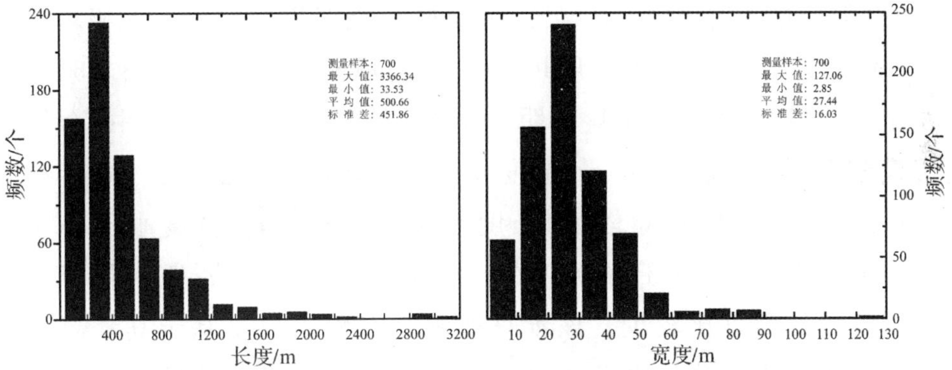

(a)长度　(b)宽度

图 3.2　柴达木盆地长垄状雅丹的长度与宽度特征

通过对 700 个宽度数据的统计分析，发现长垄状雅丹的最大宽度为 127.06 m，最小宽度为 2.85 m，平均值为 27.44 m。其中，宽度为[20,30) m 的雅丹个体数目最多，达到 241 个，占所有测量雅丹的 34.43%；宽度为[10,20) m 和[30,40) m 的雅丹体数目分居二、三位，数目分别为 157 个、121 个，所占比例分别为 22.43%、17.29%；宽度为[40,50) m 和[0,10) m 的长垄状雅丹相差不大，数目分别为 70 个、65 个，所占比例分别为 10.00%、9.29%；其余宽度区间的雅丹体所占比例均在 3%以下[见图 3.2(b)]。

格局分析是基于自组织理论的一种地貌学研究方法，近年来在风沙地貌研究中应用较广泛(Hallet，1990；Ewing et al.，2006)。根据该方法，通过形态参数的概率累积曲线可以判断地貌的发育演化过程及阶段划分(Lancaster et al.,2002;Derickson et al.,2008)。根据该理论,长垄状雅丹长度的概率累积曲线的变化趋势可以明显划分为两个部分:以 500 m 为转折点,长度小于等于 500 m 的雅丹共 468 个,占所有测量数据的 66.86%,其组成的概率累积曲线斜率较小;而长度大于 500 m 的雅丹共 232 个,占所有测量数据的 33.14%,其组成的曲线斜率明显增加[见图 3.3(a)]。长垄状雅丹宽度的概率累积曲线则是以 30 m 为转折点,宽度小于等于 30 m 的雅丹共 463 个,占所有测量数据的 66.14%,其组成的概率累积曲线斜率相对较小;而宽度大于 30 m 的雅丹共 237 个,占所有测量数据的 33.86%,其组成的概率累积曲线斜率明显增大[见图 3.3(b)]。其中,个体规模较大(长度大于 500 m,宽度大于 30 m)的雅丹可能处于幼年期阶段,而个体规模相对较小(长度小于等于 500 m,宽度小于等于 30 m)的雅丹可能处于青年期或壮年期或老年期阶段,其中处于老年期阶段的雅丹比较少。该雅丹地貌发育阶段仅是基于其外部形态进行的初步划分。由于通过谷歌地球高清影像不能提取雅丹体高度,因而缺少该数据的支撑,进而影响了对雅丹发育阶段的精确判定。

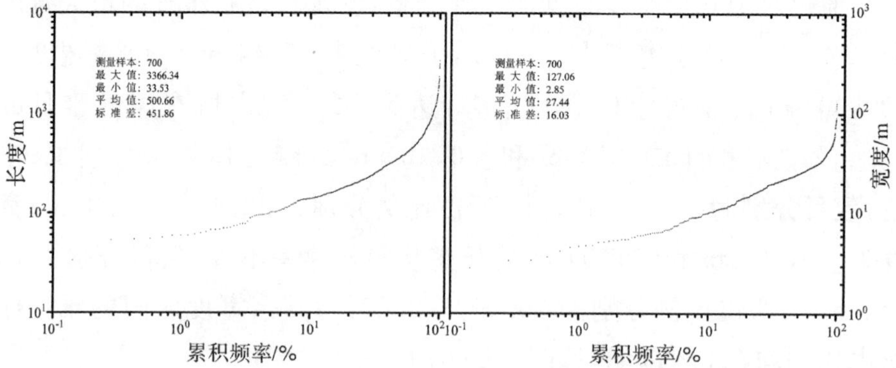

(a)长度　　(b)宽度

图 3.3　柴达木盆地长垄状雅丹长度和宽度的概率累积曲线

雅丹形态比例系数 r 是衡量雅丹体流线程度的重要参数，主要受组成雅丹物质的结构和岩性以及发育时间等因素的制约。通常认为，具有流线形态的雅丹的比例系数为 1∶4～1∶3，这种雅丹所受的空气阻力最小。根据对测量的 700 个宽度与长度比值的分析，发现 r 最小为 1∶78.70，最大为 1∶1.21，平均为 1∶18.23。除 4 个雅丹的 r 大于 1∶5 以外，其余雅丹 r 均小于 1∶5。其中，r 为[1∶15，1∶10)的雅丹个体数目最多，达到 192 个，占所有测量雅丹的27.43%；r 为[1∶10，1∶5)和[1∶20，1∶15)的雅丹分居二、三位，数目分别为 145 个、143 个，占测量总数的比例分别为 20.71%、20.43%；r 为[1∶25，1∶20)和[1∶30，1∶25)的雅丹数目分别为 79 个、44 个，占所有测量数据的比例分别为 11.29%、6.29%；其余 r 区间的雅丹所占比例均在 5%以下[见图 3.4(a)]。

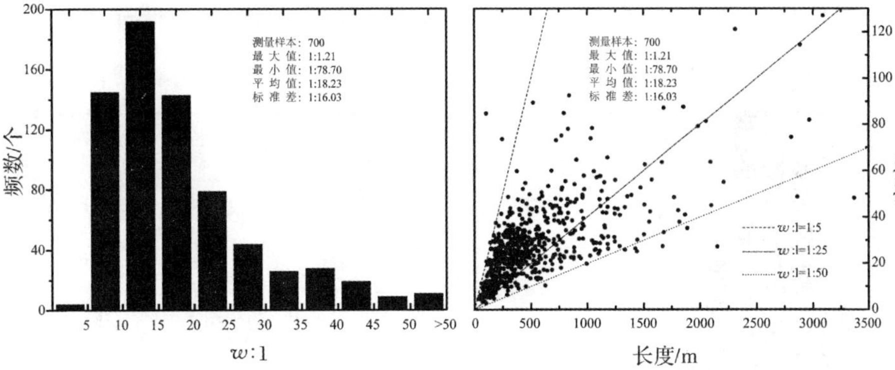

(a)柱状图　(b)散点图

图 3.4　柴达木盆地长垄状雅丹比例系数柱状图与散点图

由长垄状雅丹的 r 散点图还可以发现，r 的数值分布相对集中，主体为[1∶25，1∶5)，雅丹个体数目达 559 个，占所有测量数据的 79.86%。且在该比例系数变化区间内，雅丹以长度小于等于 500 m、宽度小于等于 30 m 的雅丹为主，主要涵盖青年期、壮年期和老年期等不同演化阶段的雅丹[见图 3.4(b)]。此外，r 也可能受组成雅丹物质的构造和岩性的影响。

3.3.2　间距

雅丹廊道是雅丹地貌的重要组成部分，其宽度定义为雅丹体的间距。雅丹间距是判定某一区域雅丹发育阶段的重要参数。通常来说，处于壮年期和老年期的雅丹廊道间距较大。雅丹廊道是物质输移的通道，因此大部分廊道表面覆盖有流沙，或者流沙遇阻堆积形成回涡沙丘。通过对测量的1036个间距数据进行统计分析，发现间距最大值为28.42 m，最小值为2.44 m，平均为10.49 m。其中，间距为[10,12) m的雅丹个体数目最多，达到238个，占所有测量数据的22.97%；间距为[8,10) m和[6,8) m的雅丹个体数目相差不大，分别为227个、201个，占所有测量数据的21.91%、19.40%；间距为[12,14) m的雅丹个体数目为134个，占所有测量数据的12.93%；其余间距区间的雅丹个体数目相对较少，其所占比例均低于所有测量数据的10%[见图3.5(a)]。

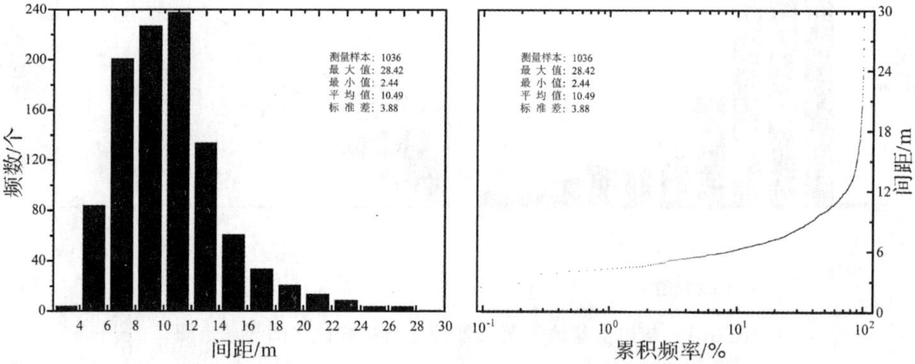

(a)间距柱状图　　(b)概率累积曲线

图 3.5　柴达木盆地长垄状雅丹间距柱状图和概率累积曲线

此外，以9.12 m为临界点，长垄状雅丹廊道间距的概率累积曲线表现出截然不同的变化趋势。间距小于等于9.12 m的测量数据共410个，占所有测量数据的39.58%，曲线整体较平缓；而间距大于9.12 m的测量数据共626个，占所有测量数据的60.42%。该变化趋势与长垄状雅丹长度和宽度概率累积曲线的变化趋势相一致，指示着不同发育演化阶段的雅丹[见图 3.5(b)]。

3.3.3　走向

雅丹走向是塑造其主导外营力的直观体现。通过对测量的雅丹走向数据进行统计分析，发现测量走向的最大值为 198.33°，指示 NNE-SSW 走向；最小值为 153.95°，指示 NNW-SSE 走向；平均值为 176.26°，指示 N-S 走向(见图 3.6)。其中，研究区内的雅丹主体呈现出 N-S 走向，雅丹个体数目达 425 个，占所有测量数据的 60.71%；呈 NNW-SSE 走向的雅丹个体数目达 198 个，占所有测量数据的 28.29%；其余雅丹均呈 NNE-SSW 走向，雅丹体个数为 77 个，占所有测量数据的 11.00%。因此，可以判断塑造研究区长垄状雅丹的主导风向为北风，其次为北北西风，再次为北北东风。

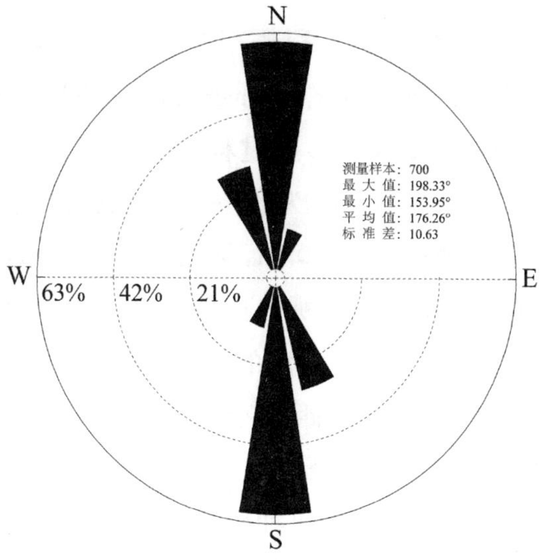

图 3.6　柴达木盆地长垄状雅丹走向

3.4 讨　论

3.4.1 长垄状雅丹发育阶段

典型的雅丹地貌是由垄脊和沟槽组成的正负地形组合，垄脊就是我们常说的雅丹，沟槽是雅丹之间的廊道。因此，雅丹地貌的发育演化过程可以认为是外营力对廊道的侵蚀过程。按照外营力侵蚀作用方向的不同，雅丹廊道遭受的侵蚀包括侧向侵蚀和下切侵蚀两个方面。其中，下切侵蚀导致廊道的深度增加，同时导致雅丹体的高度相对增加；而侧向侵蚀则使廊道展宽，即雅丹间距增大，同时导致雅丹体逐渐缩小，直至消亡。因此，在雅丹发育演化过程中，相应伴随着雅丹形态的变化。相反，基于雅丹分布区内形态参数的特征，也可以判断雅丹所处的发育演化阶段。

长垄状雅丹形态参数的累积概率曲线连续性较好，中间未发现间断点，因此可以认为所研究的雅丹是在同一地质历史时期、共同的外营力组合条件下形成的，且形成过程未中断。但是，长度、宽度、间距分别以 500 m、30 m、9.12 m 为临界点，明显可以将研究区内的雅丹分为两大部分：长度大于 500 m，宽度大于 30 m，间距小于等于 9.12 m，个体规模较大的雅丹，所占比例不及研究区内雅丹测量总数的 40%，可能处于雅丹地貌发育的幼年期阶段；而长度小于等于 500 m，宽度小于等于 30 m，间距大于 9.12 m 的长垄状雅丹，个体规模相对较小，约占研究区内雅丹测量总数的 60%，可能处于长垄状雅丹发育的青年期或壮年期或老年期阶段。但由于缺少雅丹的高度数据，这三个阶段没有精确的划分，处于老年期阶段的雅丹较少。

成熟雅丹所具有的形态比例系数通常为[1∶4,1∶3)，只有经过较长地质历史时期外营力的侵蚀才能够达到该形态系数。并且，形态比例系数在不同的雅丹分布区之间或者在同一雅丹分布区的不同位置也相差较大。柴木盆地长垄状雅丹 r 主体为[1∶25,1∶5),平均为 1∶18.23,远低于成熟雅丹所具有的形态比例系数。柴达木盆地的长垄状雅丹虽然较位于非洲的乍得和纳米比亚以及南美洲安第斯山区的长垄状雅丹在个体规模上稍小,但是它们的形态比例系数却相似,均为 1∶30～1∶5。然而,地球上长垄状雅丹的形态比例系数却与火星雅丹形态比例系数(1∶50～1∶5)相差较大(de Silva et al.,2010),这可能与两个星球的大气属性(气体组成、密度等)、重力加速度、物质组成及其化学属性等相关。

3.4.2　主导外营力作用特点

虽然塑造雅丹地貌的外营力种类组合较多,包括风力作用、流水作用、块体运动、风化作用、盐结晶等,但是雅丹地貌的塑造通常以一种外营力为主。夏训诚(1987)通过对罗布泊地区的考察发现,分布于山前冲洪积扇及湖泊边缘的雅丹走向指示当地的流水方向,而位于平原地区的雅丹则指示区域的盛行风向。研究区内的长垄状雅丹主体位于阿尔金山山前冲洪积平原和干盐湖边缘地区。阿尔金山由于降水较少,山区发育的河流稀疏,因此流水作用对该区域雅丹地貌的发育影响有限。综上,本区域雅丹的走向指示的应为塑造雅丹地貌的盛行风向或合成输沙方向。来自塔里木盆地和库姆塔格沙漠的强风,在穿过索尔库里和柴达木北大门等位于阿尔金山上地势较低的风口后,由于受地形造成的狭管效应的影响,形成风力强劲的焚风。根据雅丹走向,这些焚风的主导风向应为北风,其次为北北西风,最后为北北东风。对于区内具体的风况特征,我们将在第 4 章中进行细致的分析。

3.5　小　结

本章通过对谷歌地球提供的雅丹高清影像的形态参数进行判读和分析,对柴达木盆地西北部长垄状雅丹的分布和形态特征进行了研究，获得的初步结论如下：

(1)柴达木盆地雅丹主要位于盆地西北部，雅丹分布区的西部、北部和东部以山前冲洪积平原与周围山地为界，而在南部和东南部则以沙丘区、河流、湖泊、干盐滩等为界。其中，长垄状雅丹位于柴达木盆地雅丹分布区的最北端，北以阿尔金山山前冲洪积扇为界，东、西分别与昆特依和大浪滩干盐湖为邻，南抵察汗斯拉图干盐湖边缘。

(2)通过对谷歌地球高清影像的分析，共提取 700 组长垄状雅丹长度、宽度和走向数据，1036 个间距数据。长垄状雅丹长度主体为[200,400) m，平均长度为 500.66 m；宽度主体为[20,30) m，平均宽度为 27.44 m；间距主体为[10,12) m，平均间距为 10.49 m。且长度、宽度、间距分别以 500 m、30 m、9.12 m 为临界点，可将研究区内雅丹划分为两大部分：其一为个体规模较大的雅丹，可能处于雅丹发育的幼年期阶段；其二为个体规模相对较小的雅丹，可能处于雅丹发育的青年期或壮年期或老年期阶段。

(3)柴达木盆地长垄状雅丹的 r 主体为[1∶25,1∶5)，平均为 1∶18.23。因此，研究区内的雅丹整体应多处于幼年期和青年期阶段，远没有达到发育成熟的阶段。

(4)柴达木盆地长垄状雅丹走向多为 N-S，其次为 NNW-SSE 方向，最后为 NNE-SSW 方向。柴达木盆地西北部塑造地貌的主要外营力是风力作用，长垄状雅丹的走向指示该区域应该盛行偏北风。

第 4 章

长垄状雅丹区风况特征

雅丹地貌的形成虽然是一系列内外营力共同作用的结果，但是毫无疑问，风力在其中起到主导作用。风况是对风能大小及其方向变率的定量表示，对风沙地貌尤其是各类沙丘的外部形态，起到决定性作用(Pearce et al.,2005)。在众多输沙势计算公式中，Fryberger等(1979)所建立的公式是至今应用最广泛的输沙势计算公式之一(Bullard,1997)。该方法运用记录的风速风向数据定量评价某一区域在特定时间段内的潜在沙物质输移能力，同时，可利用玫瑰图的方式展示计算数据。基于此，为了明确柴达木盆地长垄状雅丹发育的风动力环境，本章主要借助于架设的野外自动气象站所记录的风速风向数据，对其风况特征和风能环境进行定量研究。

4.1 数据获取与分析方法

4.1.1 数据获取

本研究区位于柴达木盆地西北部，冷湖西约 35 km 处(见图 4.1A)，东、西分别以昆特依和大浪滩干盐湖为界，北抵俄博梁背斜(见图 4.1B)。为了获取研究区的风况数据，我们在长垄状雅丹廊道内架设了 WindSonic 二维测风仪 WT01。该仪器架设于距地表 2 m 高度的支架上，可自动记录以 10 min 为时间间隔的平均风速风向数据，记录数据存储于 CR300 数据采集仪，数据记录周期为 2017 年 11 月至 2018 年 12 月。架设的气象站地理位置为 38°37′13.45″N，92°56′56.63″E，架设部位的地形相对平坦(见图 4.1C)，符合国家气象站架设的标准要求。

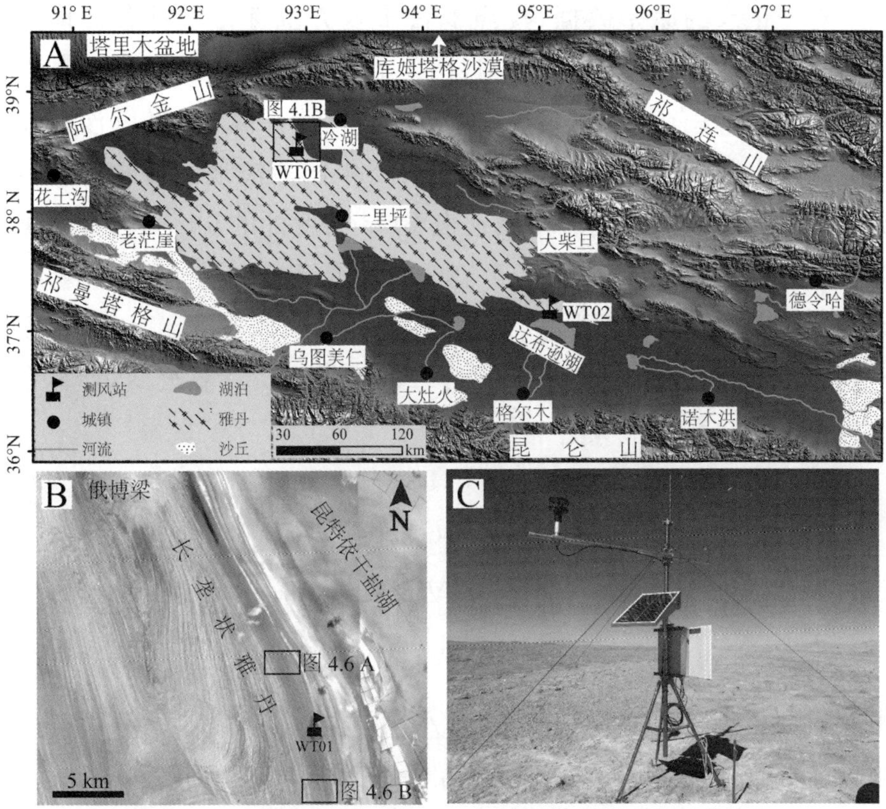

图 4.1　长垄状雅丹及自动测风站地理位置与周围地形地貌特点

［A 图为长垄状雅丹及自动测风站（WT01）在柴达木盆地中的地理位置；B 图为 Google Earth 影像展示的 WT01 周围的地貌特征；C 图为 WT01 周围的地形特征］

4.1.2　分析方法

野外自动气象站获取的数据位于距地表 2 m 高度处，与国家标准气象站的距地表 10 m 高度有差异。为了方便与其他数据进行对比，我们根据公式(4.1)将距地表 2 m 高度处的风速数据转换为距地表 10 m 高度处的数据(Dong et al. ,2012b)。

$$U_{10} = 0.17 + 1.08U_2 \tag{4.1}$$

式中，U_{10} 和 U_2 分别为距地表 10 m 和 2 m 高度处的风速（单位为 m/s）。

对于记录的原始数据，按照罗盘十六方位逐月统计各方向风的频率，并计算月平均风速等数据，明确研究区的风速风向特征。在所有的风速中，只有起沙风（超过临界起动风速的风）在对风沙地貌的塑造过程中起到作用。根据早期学者对中国沙漠地区沙粒起沙风的测定（吴正，2003），我们选用距地表 10 m 高度处的 6 m/s 风速数据作为临界起动风速。同样，按照罗盘十六方位逐月统计起沙风的频率，计算起沙风的月平均风速、最大风速和起沙风频率。本研究根据 Fryberger 等（1979）以及 Pearce 等（2005）提出的计算公式，计算了输沙势和相关参数。

$$\mathrm{DP} = U_{10}^{2}(U_{10} - U_{t})t \tag{4.2}$$

$$\mathrm{RDD} = \mathrm{Arc}\ \tan(C/D) \tag{4.3}$$

$$C = \sum(\mathrm{VU})\sin(\theta) \tag{4.4}$$

$$D = \sum(\mathrm{VU})\cos(\theta) \tag{4.5}$$

$$\mathrm{RDP} = \sqrt{C^2 + D^2} \tag{4.6}$$

式中，DP 代表输沙势（drift potential），单位为矢量单位（vector unit，简写为 VU）；U_{10}指 10 m 高度处 10 min 内的平均风速（单位为 m/s）；U_t指10 m 高度处的临界起动风速（单位为 m/s）；t 为起沙风时间，一般为观测时段内所观测的起沙风时间数与总观测时间数的百分比；θ表示十六方位的中心方位角。合成输沙势（resultant drift potential，简写为 RDP）指示罗盘十六方位净输沙势的矢量合成。合成输沙方向（resultant drift direction，简写为 RDD）为基于罗盘十六方位的净输沙方向。RDP/DP 指示方向变率。同时，为对不同区域不同类型雅丹的风况进行对比，我们引用了 WT02 测风站（见图 4.1A；地理位置为 38°8′8.88″N，95°6′42.48″E）的数据。该气象站位于达布逊湖北岸，代表典型的鲸背状雅丹地貌（李继彦 等，2013）。

4.2　风速风向特征

柴达木盆地的长垄状雅丹分布区以 NNW 风和 NW 风占主导，分别占年总风速记录的 43.13%和 18.00%。N 风居第三位，占年总风速记录的 9.01%。其余方向风的频率均小于 5%，且这些风的风速大都小于临界起动风速。因此，研究区内的起沙风主要为 NNW 风、NW 风和 N 风(见图 4.2)。

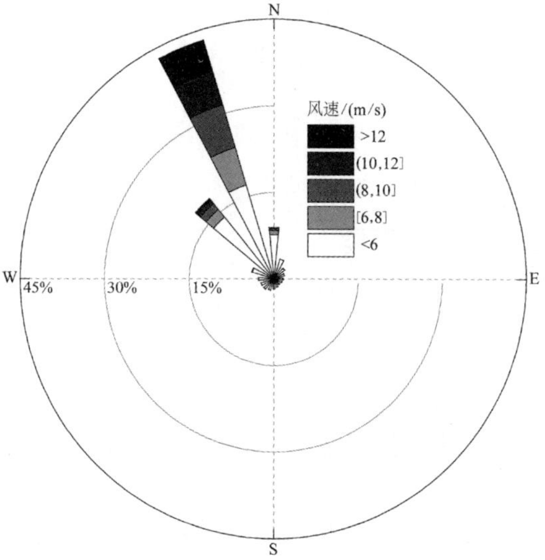

图 4.2　长垄状雅丹分布区年风向玫瑰图

研究区内的月平均风速为 4.82 m/s，月平均风速最大值出现于 8 月份，达到 6.73 m/s，最低值出现于 12 月份，为 2.52 m/s。冬季的月平均风速相对较小，春季时开始逐渐增加，并于夏季时达到最大值，而到秋季时又开始逐渐减小。月最大风速变化于 16.51 m/s 至 20.45 m/s 之间，平均值为 18.17 m/s。月最大风速的变化趋势与月平均风速相差较大，最大值出现于 11 月份，而最低值出现于 9 月份。起沙风频率的变化趋势与月平均风速相类似，12 月份的起沙风频率最低，为 1.57%，春季开始逐渐增大，并于 8 月份达到最大值，为14.47%，而在秋季又开始减小(见图 4.3)。夏季的起沙风发生频率最高，主要可以归结于夏季温度比较高，气温增高导致大气的不稳定性增强，气流沿山坡向下输移的动能增加，进而产生活跃的局地环流（李江风，2003）。

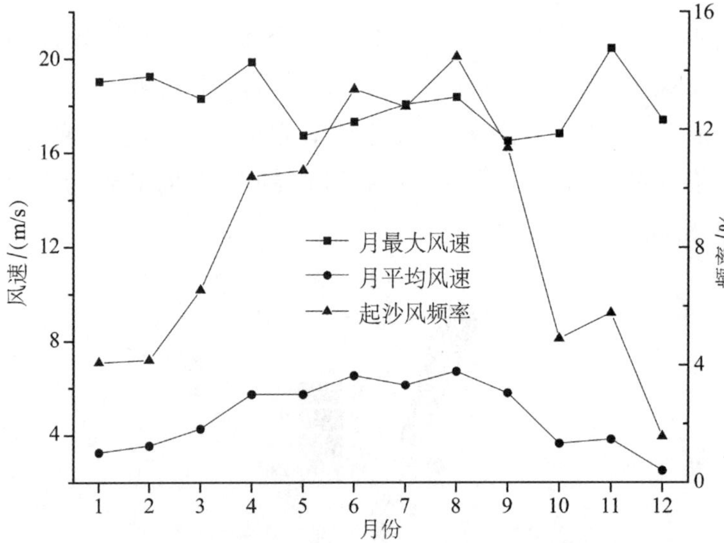

图 4.3　月平均风速、月最大风速及起沙风频率变化趋势

4.3　输沙势特征

表 4.1 总结了 Fryberger 等（1979）风能环境分类系统的各参数划分依据。相应于起沙风频率的变化规律，输沙势和合成输沙势均是在夏季达到最大值，分别为 479.73 VU 和 475.03 VU。春季的输沙势和合成输沙势均稍低于夏季，平均值分别为 409.57 VU 和 404.55 VU。秋季和冬季的输沙势和合成输沙势均远低于春季和夏季（见图 4.4）。

表 4.1　Fryberger 等（1979）风能环境分类系统

DP	风能环境	RDP/DP	方向变率	可能风况
DP<200 VU	低	RDP/DP<0.3	高	复杂或钝双峰
200 VU≤DP≤400 VU	中	0.3≤RDP/DP≤0.8	中	钝或锐双峰
DP>400 VU	高	RDP/DP>0.8	低	宽或窄单峰

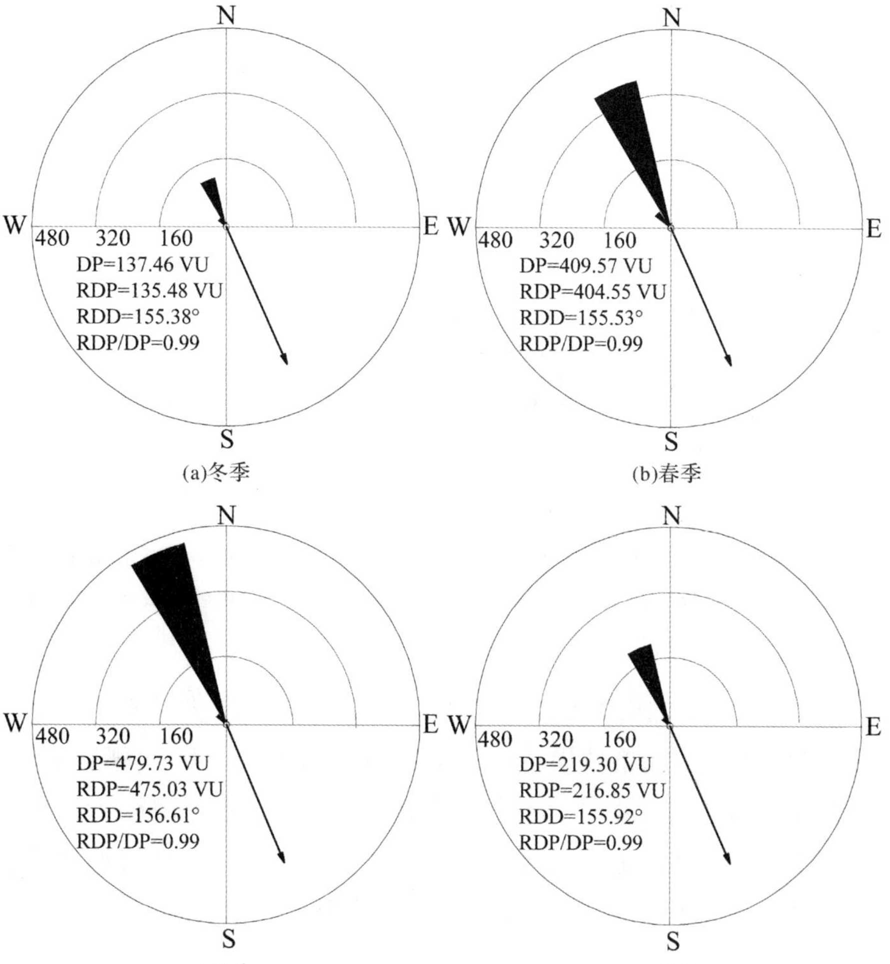

(a)冬季　(b)春季　(c)夏季　(d)秋季

图 4.4　长垄状雅丹区的输沙势及相关参数的季节变化(RDP—合成输沙势;RDD—合成输沙方向;RDP/DP—方向变率;实线箭头指示合成输沙方向)

长垄状雅丹区的年输沙势和合成输沙势分别为 1246.05 VU 和 1231.86 VU,这可能是已报道中国沙漠地区最大的风能数值,均指示着高等风能环境。年合成输沙方向在不同的季节变化较小,在 156.00°左右变化,且变化幅度不大。合成输沙势与输沙势的比值近等于 1,指示着窄单峰风况(见图 4.5)。

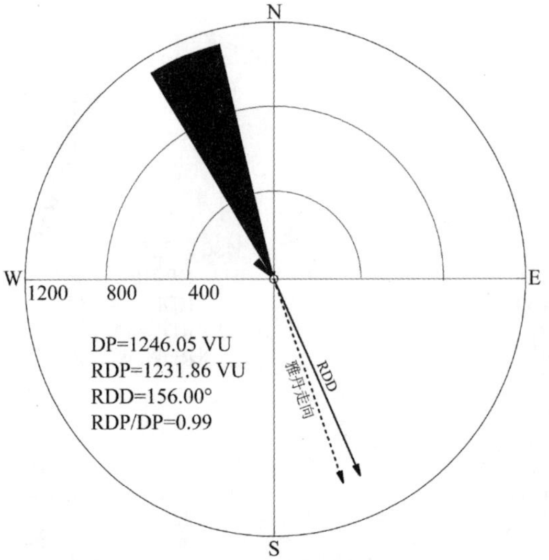

图 4.5　长垄状雅丹区的年输沙势及相关参数(RDP—合成输沙势;RDD—合成输沙方向;RDP/DP—方向变率;实线箭头指示合成输沙方向;虚线箭头指示测量雅丹的平均走向)

为了阐明风力作用在长垄状雅丹地貌发育和演化过程中所起的作用,我们在自动气象站周边的 Google Earth 影像上手动测量了 425 条雅丹的走向数据,并将其投影到研究区年输沙势玫瑰图上。结果表明,长垄状雅丹的走向与年合成输沙方向近乎平行,这表明风力作用是塑造研究区内长垄状雅丹的主导外营力。

4.4　讨　论

4.4.1　对长垄状雅丹发育的影响

野外考察中发现,测风站 WT01 上、下风向的长垄状雅丹廊道横断面呈现出截然不同的形态。位于 WT01 北部的长垄状雅丹高 2～3 m,两翼坡度为 40°～50°,雅丹廊道横断面呈"V"形,且廊道较浅,表面无松散碎屑沉积物的堆积(见图 4.6 A)。而在测风站的南部,由于风力作用对雅丹廊道强烈的下切侵蚀和侧向侵蚀,使该处的雅丹廊道呈深而宽的“U”形。雅丹高度可达 6～7 m，且廊道内通常布满风成沙（见图 4.6 B）。

图 4.6　测风站 WT01 上风向和下风向雅丹廊道形态特征

雅丹地貌发育是通过对雅丹廊道的侵蚀过程来实现的(Blackwelder，1934)，该过程包括下切侵蚀和侧向侵蚀两个方面。在雅丹地貌发育的初期，下切侵蚀和侧向侵蚀同时进行，在达到区域侵蚀基准面，外营力不能进一步下切侵蚀的情况下，开始以侧向侵蚀为主(Ward et al.，1984)。由图 4.6 A 可知，位于观测站上风向的长垄状雅丹廊道内并不存在松散沉积物的堆积现象，这表明该区域雅丹的发育以活跃的下切侵蚀和侧向侵蚀为主，侵蚀产生的碎屑物质被风力作用搬运带走，从而暴露出新的岩层层面，为外营力进一步侵蚀提供了便利。相反，图 4.6 B 展示的下风向雅丹廊道内布满松散的流沙，该种现象指示着该区域风力的搬运能力显著降低，因此，导致侵蚀物质的堆积现象。同时，沙物质的堆积构成该区域的侵蚀基准面，可阻止风力对雅丹廊道的进一步下切侵蚀。因此，该区域风力作用以对雅丹体的局部侵蚀和修饰为主。因此,这两处雅丹虽然位于同一个雅丹分布区,但是它们却处于不同的发育阶段。

4.4.2 风况对柴达木盆地风沙地貌发育的影响

柴达木盆地的长垄状雅丹发育于窄单峰风况、高等风能环境中,且对地貌塑造的有效风主要为 NNW 风(见图 4.7 A)。而位于柴达木盆地中南部的察尔汗盐湖北岸的典型鲸背状雅丹,则发育于宽单峰风况、中等风能环境中。紧邻该典型鲸背状雅丹下风向的新月形沙丘也发育于宽单峰风况、中等风能环境中,有效风主要来自 NW 方向(见图 4.7 B;李继彦 等,2013)。在该典型鲸背状雅丹下风向约 2 km

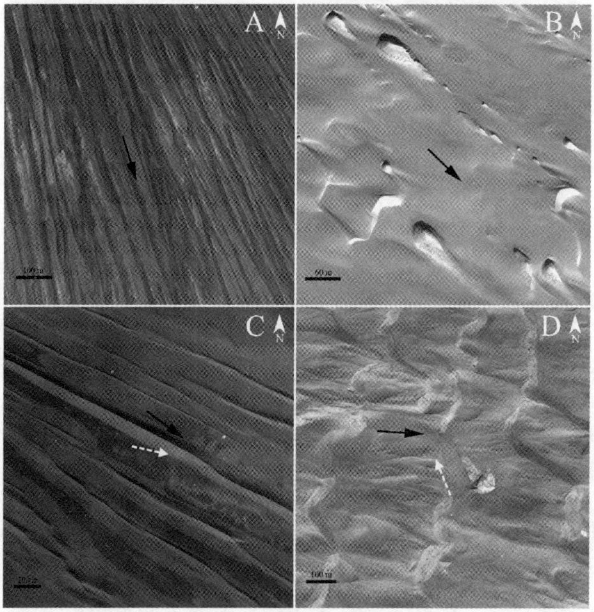

图 4.7 Google Earth 影像展示的柴达木盆地主要风沙地貌类型①

① 实线箭头指示实测盛行风向,虚线箭头指示基于风沙地貌推测的次风向。A 图为长垄状雅丹,地理位置为 38°35′10.85″N,92°57′6.66″E;B 图为鲸背状雅丹及新月形沙丘,地理位置为 37°11′43.82″N,95°9′47.08″E;C 图为线形沙丘,地理位置为 37°7′19.04″N,95°20′52.14″E;D 图为格状沙丘,地理位置为 36°20′40.67″N,97°47′25.94″E。

开始发育线形沙丘，该线形沙丘区发育于宽单峰风况、中等风能环境中，除了以 NW 风为主导外，WNW 方向的风开始增多（见图 4.7 C；鲍锋 等，2015）。因此，柴达木盆地风动力具有自西北部向中南部减小的趋势，即由西北部的高等风能环境变化为中等风能环境。且受到周围高大山地地形的影响，风向由西北区的 N 风占绝对主导，过渡到中南部偏 W 风成分逐渐增加，这也同时导致了自西北部向中南部由窄单峰风况向宽单峰风况的转变。在柴达木盆地的东南部，由于 SW 方向风的出现，导致在该区域发育大量的格状沙丘（见图 4.7 D）。

4.4.3　与中国其他沙漠/沙地对比

表 4.2 对柴达木盆地西北部长垄状雅丹分布区与中国北方其他地区沙漠/沙地存在的雅丹或其他风沙地貌类型的区域风况进行了对比。经过对比发现，除了本研究与巴丹吉林沙漠边缘的巴音诺尔公为高等风能环境外，其余对比区域均为中等或低等风能环境。这与 Lancaster(2013)报道的结果一致，认为世界主要沙漠地区均发育于低等风能环境。此外，大部分对比区域具有双峰或复杂风况类型。长垄状雅丹风况环境与对比沙漠/沙地地区的显著差别，指示风力强劲且方向稳定的风力作用在雅丹地貌发育演化过程中起着主导作用（Goudie，2007）。来自塔里木盆地和库姆塔格沙漠的强风在翻越阿尔金山后，进入柴达木盆地，下沉增温形成极其干热的焚风（Halimov et al.，1989）。这种强风侵蚀研究区内早期的冲积-洪积平原和干盐湖表面，并逐渐在柴达木盆地西北部地区发育形成了长垄状雅丹。其后，长垄状雅丹与气流之间相互作用，雅丹廊道产生狭管效应，使气流流线在廊道内更加密集，气流加速，侵蚀能力进一步增强。该过程导致气流的方向更加稳定，使 RDP/DP 的数值接近于 1。

表 4.2　柴达木盆地长垄状雅丹分布区与中国北方其他地区沙漠/沙地风况对比

区域		DP/(VU)	WE	RDP/(VU)	RDD/(°)	RDP/DP	DC	参考文献
WT01	柴达木西北部	1246.05	高等	1231.86	156.00	0.99	窄单峰	本研究
WT02	柴达木中南部	326	中等	235	110.14	0.72	宽单峰	李继彦等(2013)
库姆塔格沙漠	北部	363.35	中等	192.37	215	0.53	钝双峰	Dong 等(2012b)
	西部	216.96	中等	83.72	220	0.39	钝双峰	
	南部	162.39	低等	94.67	153	0.58	钝双峰	
	东部	232.72	中等	127.78	115	0.55	复杂	
巴丹吉林沙漠	额济纳旗	90.6	低等	68.5	117.3	0.76	钝双峰	Zhang 等(2015a)
	鼎新镇	116.4	低等	65.2	153.9	0.56	钝双峰	
	阿拉善右旗	286.3	中等	161.0	310.6	0.56	钝双峰	
	巴音诺尔公	448.2	高等	275.6	121.6	0.61	复杂	
腾格里沙漠	沙坡头	357.43	中等	164.42	134.19	0.46	钝双峰	张克存等(2008)
	夹河	195.14	低等	118.94	102	0.62	锐双峰	Zhang 等(2015b)
	吴家井	37.91	低等	34.98	143	0.93	窄单峰	
古尔班通古特沙漠	中部	66.7	低等	25.7	197	0.39	复杂	郭洪旭等(2011)
	南部	29.8	低等	16.3	108.4	0.55	钝双峰	
塔克拉玛干沙漠	库车	34.8	低等	15.0	193.4	0.43	复杂	俎瑞平等(2005)
	麦盖提	43.2	低等	27.4	164.6	0.63	锐双峰	
	和田	44.1	低等	40.5	102.8	0.92	窄单峰	
	铁干里克	95.6	低等	89.6	246.5	0.94	窄单峰	
	若羌	399.0	中等	319.0	235.9	0.80	窄单峰	
	塔中	114.5	低等	67.0	231.5	0.59	锐双峰	
呼伦贝尔沙地		279.1	中等	161.2	148.3	0.58	钝双峰	王帅等(2008)
科尔沁沙地		70.50	低等	37.89	108.3	0.54	钝双峰	杨林等(2016)
毛乌素沙地		66.75	低等	34.04	146	0.51	钝双峰	庞营军等(2019)

注:DP 表示输沙势;WE 为 wind energy 的缩写,表示风能;RDP 表示合成输沙势;RDD 表示合成输沙方向;RDP/DP 表示方向变率;DC 为 direction category 的缩写,表示风向分类。

4.5 小　结

本章对柴达木盆地西北部长垄状雅丹地貌分布区的风况(风速与风向)特征进行了研究,并将其与中国北方沙漠/沙地中存在的雅丹或其他风沙地貌类型的区域风况进行了对比。研究表明,研究区的起沙风主要为 NNW 风、NW 风和 N 风,且在夏季和春季最强烈。研究区的年输沙势高达 1246.05 VU,指示研究区为高等风能环境,且 RDP/DP 近等于 1,代表研究区为窄单峰风况。塑造长垄状雅丹地貌的这种强劲且方向稳定的风力作用,一方面是来自塔里木盆地和库姆塔格沙漠的气流在翻越阿尔金山后的下沉加速过程,另一方面可归结于气流与雅丹体的相互作用,产生狭管效应,使气流在雅丹廊道内更加密集,进一步加速侵蚀。通过将柴达木盆地雅丹地貌发育风况环境与中国北方沙漠/沙地中存在的雅丹或其他风沙地貌类型的区域风况进行对比,发现研究区雅丹地貌多发育于高等或中等风能环境中,这与中国大部分的沙漠或沙地地区的雅丹地貌明显不同,它们主要发育于中等或低等风能环境中。

第5章

长垄状雅丹沉积物特征

雅丹地貌是由泥岩、页岩、砂岩、熔结凝灰岩、玄武岩等具有不同固结属性的沉积岩(物),经受外力的侵蚀而塑造形成的地表形态。因此,作为雅丹地貌发育的物质基础,沉积物特征及其形成的沉积构造也是风沙地貌研究中必须要阐明的问题(董治宝 等,2011)。本章借助工程开挖,对出露的长垄状雅丹横剖面的内部沉积构造进行了测量和描述,按照相应的层理特征进行了沉积物样品采集。同时,对采集的样品分别进行了粒度、地球化学元素、矿物组成等方面的测试,阐明其相应的沉积物属性特征,并探讨了沉积物粒度组成特征在雅丹地貌发育过程中所起的作用及雅丹沉积物的发育环境。

5.1 样品采集与分析方法

5.1.1 样品采集

通过对长垄状雅丹分布区的野外考察,发现雅丹表面上覆有一层厚约 20 cm 的盐壳,由于可溶盐富集的不规则性和对雅丹表层物质的固结作用,使得表面凹凸不平,且地表比较坚硬,采用常规的人工手段难以开挖出理想的地层剖面。在野外考察时发现,沿着 S315 省道两侧虽然也有部分工程开挖出露了雅丹内部地层剖面,但由于地层出露时间较长,表面物质受到后期的风化剥蚀,并不能真正揭示雅丹的内部层理及沉积物特征。沿 S315 省道在昆特依盐湖西岸,进入雅丹区约3 km处,有一条新开挖的向 NNE 方向延伸的岔路。由于施工时间不长,因而出露的雅丹剖面内部层理较新,沉积物并未受到后期风化的影响,可反映雅丹地层的沉积环境特征(见图 5.1)。该剖面位于昆特依干盐湖与俄博梁背斜构造之间,由昆特依干盐湖内部地形相对平坦的湖盆区,进入长垄状雅丹分布相对集中的地区,地形起伏差异非常明显(见图 5.2 A)。该雅丹剖面的地理位置为 38°31′49.73″N,92°57′44.48″E,海拔高度 2762 m,剖面高度为 6 m,未见底。将表面上覆盖的由上部地层脱落的碎屑物质清除后，用卷尺测量剖面高度，并根据蒙赛尔土壤颜色分类系统（Munsell soil colour chart）对地层剖面进行描述，测量地层厚度，进行样品收集。对自雅丹顶部表层至底部地层的特征描述如下（见图 5.2 B）：

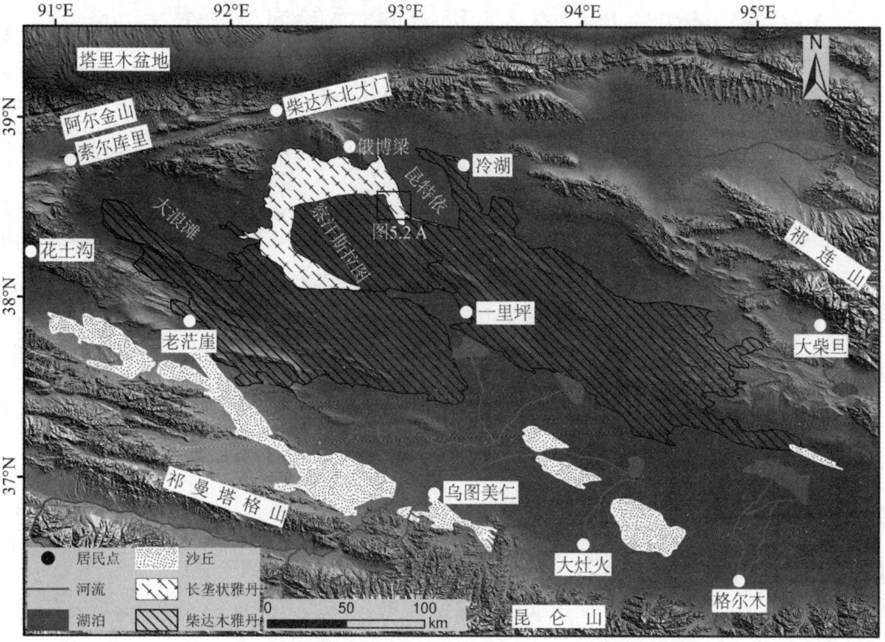

图 5.1　柴达木盆地长垄状雅丹地层剖面位置

(1) 顶部表层：红棕色（5YR 5/3），粉质亚黏土，质地松软，孔隙较多，分选性差，结晶盐体密布。

(2) [0,10) cm：深红灰色（5YR 5/2），沙质亚黏土，分选差，结晶盐体密布，形成厚层盐壳。

(3) [10,20) cm：灰色（5YR 5/1），粉质亚黏土，分选差，结构疏松，结晶盐体较多。

(4) [20,30) cm：灰色（5YR 6/1），沙质亚黏土，分选差，偶见结晶盐体和大于 2 mm 粗颗粒。

(5) [30,220) cm：浅灰色（5Y 7/1），沙质亚砂土，分选差，致密块

图 5.2　柴达木盆地长垄状雅丹剖面周边地形特征(A)及出露地层(B)

状构造,偶见结晶盐体。

(6)[220,260) cm:白色(N/9),粉质亚黏土,分选较差,致密块状构造,结晶盐体密布。

(7)[260,300) cm:浅灰绿色(5GY 6/2),粉质亚黏土,分选较差,水平层理,结晶盐体较多。

(8)[300,315) cm:浅橙黄色(10YR 2/9.5),粉质亚黏土,分选差,水平层理,偶见结晶盐体。

(9)[315,325) cm:浅灰色(2.5Y 7/1),沙质亚黏土,分选差,结构疏松。

(10)[325,350) cm:白色(N/9),粉质黏土,分选差,致密坚硬,水平层理。

(11)[350,357) cm:浅灰色(2.5Y 7/1),沙质亚黏土,分选差,致密块状构造。

(12)[357,395) cm:白色(N/9),粉质黏土,分选较差,极致密坚硬,块状构造。

(13)[395,465) cm:红黄色(7.5YR 7/8),沙质亚砂土,分选较差,致密块状构造,偶见大于 2 mm 粗颗粒。

(14)[465,550) cm：浅蓝灰色(10B 8/1)，粉质黏土，分选差，极致密坚硬，块状构造，偶见结晶盐体。

(15)[550,600] cm：浅绿灰色(10BG 8/1)，沙质亚砂土，分选较差，致密坚硬，块状构造。

(16)廊道流沙(YDLS)：浅棕色(10YR 8/3)，沙土，分选较好，表面无盐分胶结现象。

雅丹顶部组成物质相对松软，而其余地层均相对坚硬。在收集时，使用地质锤将该层物质敲击松软后，再用取样铲收集样品，装入自封袋内。在每个样品收集之前，均需对地质锤和取样铲进行清理，以防样品受到污染。对每一地层收集的沉积物样品，按其相应的地层序列进行编号。同时，收集廊道流沙样品，编号为"YDLS"。在考察中，共收集沉积物样品 16 件，每件样品重量约 500 g。将样品托运回实验室，自然风干，并将样品进行分装待实验。

5.1.2　分析方法

本章所进行的室内实验主要包括沉积物的粒度、地球化学元素和矿物组成等三方面的实验。其中，粒度组成实验在陕西师范大学地理科学与旅游学院完成，地球化学元素和矿物组成实验在中国科学院西北生态环境资源研究院沙漠与沙漠化重点实验室完成。下面对每一个室内实验的测试步骤及数据分析方法进行逐一描述。

1. 沉积物粒度实验

对所采集的 16 件样品均进行沉积物粒度测试，该实验在陕西师范大学地理科学与旅游学院激光粒度仪实验室完成。样品在正式上机测试之前采用标准处理方法。具体步骤：①称量样品 2～3 g，倒入预先用纯净水清洗干净的烧杯中；②往待测样品烧杯中加入 10 mL浓度为 10％的 H_2O_2，并置于电热板上加热，用玻璃棒不断搅拌，使其充分反应；③往烧杯中加入 10 mL 浓度为 10％的 HCl，并置于电热板上加热，用玻璃棒不断搅拌，使其充分反应；④待烧杯冷却后，再往烧杯中加入纯净水 500 mL，静置 72 h；⑤测试前，往烧杯中加入 10 mL 浓度为 0.05 mol/L 的分散剂六偏磷酸钠［$(NaPO_3)_6$］；⑥用英国马尔文公司生产的 Mastersizer 2000 型激光粒度仪进行上机测试（部学敏 等，2019）。粒级按照乌登-温特沃斯标准（Udden-Wentworth scale）进行划分（成都地质学院陕北队，1978；任明达 等，1985），如表 5.1 所示。粒度的表示通常有真值和 Φ 值两种表示方式，其换算关系为

$$\Phi = -\log_2 d \tag{5.1}$$

式中，d 为粒径真值，mm。

本研究的沉积物粒度分析共探讨四个粒度参数，即平均粒径（M_Z）、分选系数（σ_I）、偏度（S_K）、峰态（K_g）。粒度参数采用 Folk 和 Ward 图解法进行计算（Folk et al.，1957），具体计算公式为

$$M_Z = \frac{\Phi_{16} + \Phi_{50} + \Phi_{84}}{3} \tag{5.2}$$

$$\sigma_I = \frac{\Phi_{84} - \Phi_{16}}{4} + \frac{\Phi_{95} - \Phi_5}{6.6} \tag{5.3}$$

$$S_K = \frac{\Phi_{84} + \Phi_{16} - 2\Phi_{50}}{2(\Phi_{84} - \Phi_{16})} + \frac{\Phi_{95} + \Phi_5 - 2\Phi_{50}}{2(\Phi_{95} - \Phi_5)} \tag{5.4}$$

$$K_g = \frac{\Phi_{95} - \Phi_5}{2(\Phi_{75} - \Phi_{25})} \tag{5.5}$$

式中，Φ_{16} 指在累积频率分布曲线上，16％累积含量对应的粒径（Φ 值）；其余符号含义类推。利用 Folk 和 Ward（1957）图解法计算的粒度参数指示意义如表 5.2 所示。

表 5.1　乌登-温特沃斯粒度分级标准

粒级界限/mm	粒级界限/Φ	名称	粒级界限/mm	粒级界限/Φ	名称
>256	<−8	漂砾	[0.25,0.5)	[1,2)	中沙
(64,256]	[−8,−6)	卵石	[0.125,0.25)	[2,3)	细沙
(2,64]	[−6,−1)	砾石	[0.063,0.125)	[3,4)	极细沙
(1,2]	[−1,0)	极粗沙	[0.005,0.063)	[4,9]	粉沙
[0.5,1)	[0,1)	粗沙	<0.005	>9	黏土

表 5.2　Folk 和 Ward(1957)图解法粒度参数的含义

分选系数(σ_I)		偏度(S_K)		峰态(K_g)	
<0.35	分选极好	[−1.00,−0.30)	极负偏	<0.67	很宽
[0.35,0.50)	分选好	[−0.30,−0.10)	负偏	[0.67,0.90)	宽
[0.50,0.71)	分选较好	[−0.10,+0.10)	近对称	[0.90,1.11)	中等
[0.71,1.00)	分选中等	[+0.10,+0.30)	正偏	[1.11,1.50)	窄
[1.00,2.00)	分选较差	[+0.30,+1.00)	极正偏	[1.50,3.00]	很窄
[2.00,4.00]	分选差			>3.00	非常窄
>4.00	分选极差				

2. 地球化学元素实验

对所采集的16件样品均进行沉积物地球化学元素组成实验，该实验在中国科学院西北生态环境资源研究院沙漠与沙漠化重点实验室完成。化学元素组成实验主要包括两个阶段，即前期的测试样品准备阶段和后期的上机测试阶段。在样品准备阶段，首先将待测沉积物样品置于烘箱中，在80 ℃条件下烘干4 h。然后用北京众合创业科技发展有限责任公司生产的碳化钨磨样机(型号：ZHM-1A)将烘干样品研磨粉碎，接着采用粉末压片法制样。具体步骤：称取4 g粒度小于200目(约75 μm)的样品，将其在80 ℃下烘干后放入制样模具,用硼酸镶边垫底,在 30 t 的压力下压成镶边内径为 32 mm 的样片待测。压片过程中所使用的辅助设备同样由北京众合创业科技发展有限责任公司生产,其中半自动压样机型号为 ZHY-401A,仪器冷却水循环系统型号为 BLK2-8FF-R。

地球化学元素组成的测试采用荷兰帕纳科公司生产的顺序式波长色散型 X 射线荧光光谱仪(型号:Axios)。此仪器采用超尖锐陶瓷铑靶 X 射线管,功率可达 4 kW,管流可达 160 mA。分析软件为 SuperQ 5.0。在测试过程中,选用国家一级标准物质中的岩石成分分析标准物质(GSR01—GSR15)、土壤成分分析标准物质(GSS01—GSS16)和水系沉积物成分分析标准物质(GSD01—GSD14)作为标准样品进行控制和对照实验。以《硅酸盐岩石化学分析方法第 28 部分:16 个主次成分量测定》(GB/T 14506.28—2010)为依据,确定各元素的最佳测试条件。

3. 矿物组成实验

沉积物矿物组成的实验也是在中国科学院西北生态环境资源研究院沙漠与沙漠化重点实验室完成的。根据收集样品粒度分析的结果,选择具有不同质地的样品进行矿物组成测试,所测试样品为[10,20) cm、[30,220) cm、[315,325) cm、[357,395) cm、[550,600] cm 层位处的长垄状雅丹沉积物以及雅丹廊道内收集的 YDLS 样品,共 6 个样品进行了矿物组成测试。矿物组成实验采用美国 FEI 公司生产的矿物解离度分析仪(Mineral Liberation Analyzer,型号:MLA650)进行测试。具体的实验步骤如下:

(1)配置包埋树脂:将环氧树脂和固化剂按照质量 25∶3 的比例分别称量,然后混合并充分搅拌 2 min,备用。

(2)将 3 g 样品倒入样品盒,再倒入配置好的环氧树脂,充分搅拌,初步排除样品中的气泡,使样品在环氧树脂中均匀分散。

(3)将样品盒放入 Struers Cito Vac 空气压缩机内压缩 35 min，彻底排除其中的空气。

(4)静置：等待 12～24 h，使环氧树脂完全固化。

(5)抛光：将已埋好的样品固定在 Struers Tegramin-20 抛光机上，经过四道工序进行抛光，达到 MLA650 进行矿物解离度分析的要求。

(6)镀膜：在 Quorum Q150A ES 镀膜仪上对所有测试样品镀膜，保证样品的导电性。

(7)上机检测。

(8)分析结果。

5.2 粒度特征

5.2.1 粒级级配

图 5.3 总结了长垄状雅丹地层沉积物粒级级配特征。由图 5.3 可知，除了采自层位[30，220) cm、[315，325) cm、[350，357) cm、[395，465) cm、[550，600] cm 和 YDLS 样品以细沙和中沙含量为主外，其余层位的沉积物均以粉沙和黏土等细颗粒粒级组分为主。其中，粉沙粒级的含量变化范围为 7.40%～74.07%，平均含量高达 44.03%，在所有粒级中含量最高。黏土和中沙的粒级含量分居二、三位，变化范围分别为 4.36%～44.34%、0～65.71%，平均含量分别为 19.98%、18.71%。粗沙粒级的含量变化范围为 0～33.17%，平均含量为 7.41%，位居第四位。细沙和极细沙的粒级含量相差不大，两个粒级的含量变化范围分别为 0～27.69%、0～13.61%，平均含量分别为 5.20%、4.31%。极粗沙粒级的含量最低，仅在该雅丹地层剖面的个别层位出现，平均含量仅为 0.35%。

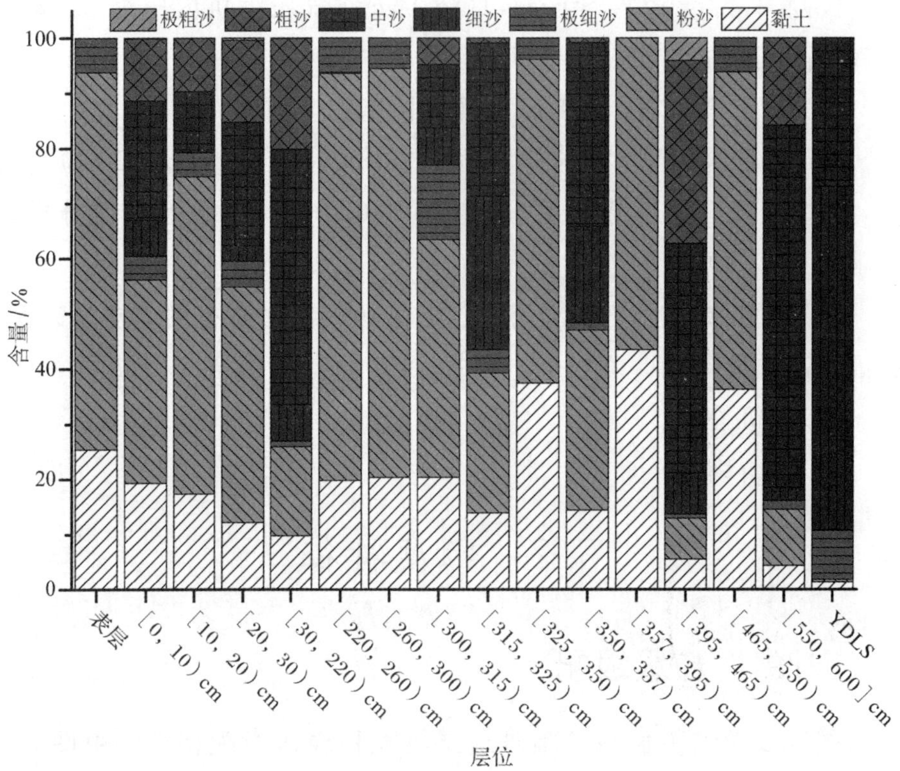

图 5.3 柴达木盆地长垄状雅丹沉积物粒度组成

沉积物粒度组成三角图在沉积物的粒度组分命名和比较中应用较广(任明达 等,1985)。在雅丹地貌所有地层沉积物的粒级组成中,粉沙组分的含量最高,变化于 7.40%至 74.07%之间,平均含量高达 44.03%;沙粒级组分的含量位居次席,介于 0 至 87.10%之间,平均含量为 35.99%;黏土粒级组分的含量居第三位,变化于 4.36%至 43.44%之间,平均含量为 19.98%。通过对柴达木盆地长垄状雅丹粒级级配的柱状图和三角图分析可知,在雅丹体内部含有丰富的粉沙和沙粒级物质,在雅丹地层遭受外营力侵蚀破坏后,可以作为下风向沙丘和黄土形成的物质来源供应区(李永国 等,2017;李继彦 等,2018;Liang et al. ,2019);同时,长垄状雅丹地层主要由粉质黏土、粉质亚黏土和沙质亚黏土组成，沙质亚砂土仅出现于三个地层层位中，仅有 YDLS 为沙土(见图 5.4)。

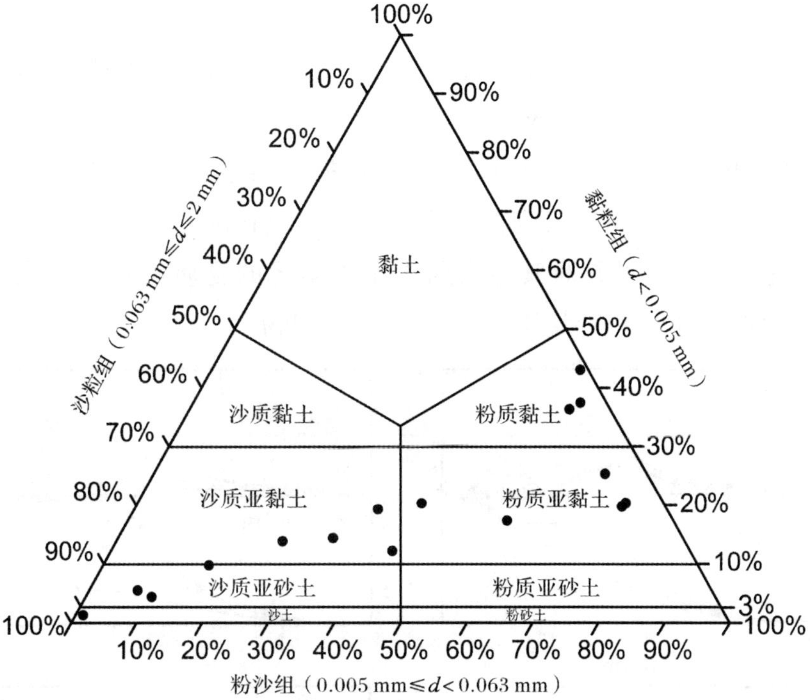

图 5.4　柴达木盆地长垄状雅丹粒度组成三角图

5.2.2　粒度分布曲线

从粒度频率分布曲线中可提取出沉积物的相关沉积环境信息，同时也可以识别出颗粒的蠕移、跃移和悬移组分(Visher，1969；Liu et al.，2014)。图 5.5 为柴达木盆地长垄状雅丹沉积物粒度频率分布曲线，由图 5.5 可知，[30，220) cm、[315，325) cm、[350，357) cm、[395，465) cm、[550，600] cm 层位的雅丹沉积物样品以及 YDLS 均为典型的双峰分布模式。主峰为 200～400 μm，代表细沙或中沙粒级；次峰为 40～60 μm，代表粉沙粒级。由此可知，这些层位的雅丹沉积物与廊道内的流沙成因一致，可能是由风力搬运、堆积形成的。其余层位的雅丹沉积物粒度曲线分布模式或为单峰，或为双峰，次峰为 5～20 μm 或 40～60 μm，指示为粉沙组分，主峰为 200～400 μm，指示细沙或中沙粒级。且这两个组分的含量相差不大，因此并不能明显区分出主峰和次峰，沉积物的粒度频率分布曲线较宽平(见图 5.5)。这两个组分的细颗粒物质虽然在风力和流水作用下，均可以被搬运堆积而发育为雅丹沉积地层，但是综合沉积地层剖面特征(见图 5.2)和沉积物粒度频率分布曲线(见图 5.5)，可判断其应为周边流水搬运的物质堆积于古昆特依湖，后期在湖相沉积环境下逐渐形成的沉积物。

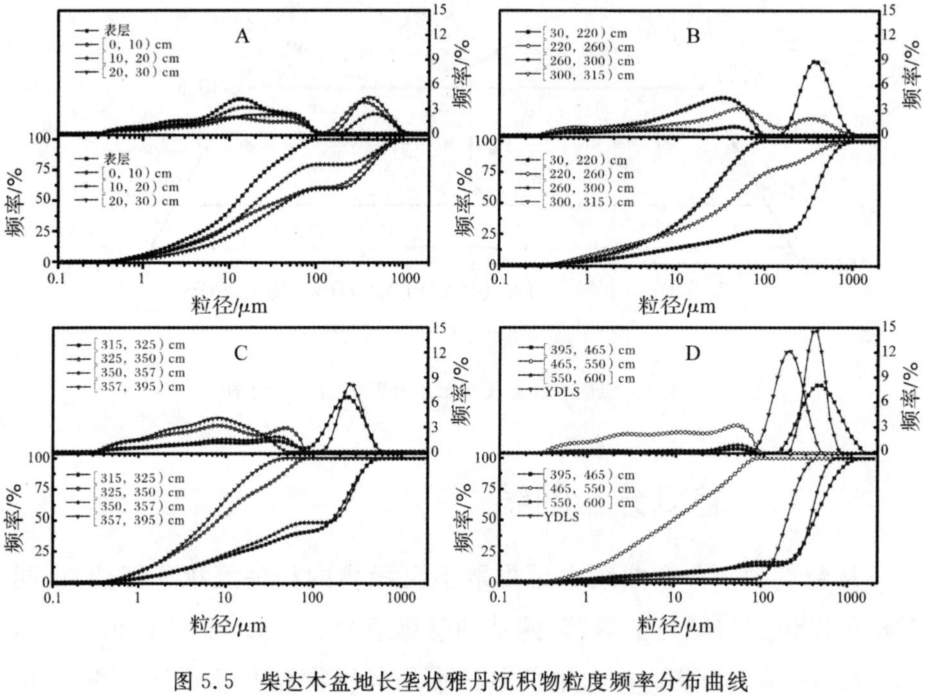

图 5.5　柴达木盆地长垄状雅丹沉积物粒度频率分布曲线

(上部为自然频率分布曲线，下部为累积频率分布曲线)

风力对碎屑沉积物的搬运共有三种模式，即蠕移、跃移、悬移(Bagnold，2012)。由于沉积物搬运方式的不同，其粒度累积频率分布曲线可能存在多个节点，因此曲线可由多条线段组成。根据图 5.5，雅丹地层沉积物的粒度累积频率分布曲线多为两段式，分段节点位于 100 μm 至 200 μm 之间。小于该截点的粒级应多为悬移质，而大于该截点的粒级应多为跃移质。蠕移质含量较少，其与跃移质的分界点并不明显，这也与雅丹地层多为河湖相沉积物，其粗沙和极粗沙粒级组分的含量相对较少相一致。此外，雅丹的表层、[220，260) cm、[260，300) cm、[325，350) cm、[357，395) cm、[465，550) cm 等地层部位沉积物的累积频率分布曲线均为一段式组成，均代表悬移搬运组分。其中，部分沉积物样品含有递变悬浮组分，组成线段表现出一定的渐变性。

5.2.3　粒度参数

由图 5.6 可知，自该长垄状雅丹地层剖面底部至顶部，沉积物平均粒径呈现出明显的粗细相间分布模式，即表现为沙质亚砂土与粉质黏土或沙质亚黏土与粉质亚黏土的互层现象。总体来看，雅丹地

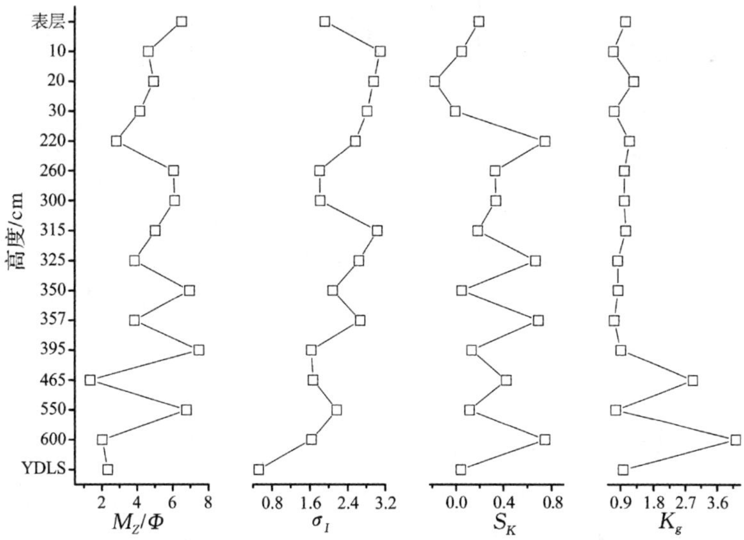

图 5.6　柴达木盆地长垄状雅丹沉积物粒度参数随高度的变化

层沉积物粒度具有自底部至顶部逐渐变粗的趋势，可能指示着湖泊水位逐渐变浅；分选呈现出由较差到差的变化趋势；偏度由极正偏到近对称的变化趋势；峰态呈现非常窄和窄向中等和宽变化的趋势，指示沉积物所经受的后期改造作用较小。

长垄状雅丹沉积物的平均粒径与其他三个粒度参数之间不存在显著的相关关系，但可以区分出不同组分之间粒度参数的差异（见图5.7）。极细沙、细沙和中沙三个粒级作为沉积物中的沙粒组分，其分选性差别较大，涵盖了较好、较差和差三种类型；偏度为近对称（仅YDLS样品）和极正偏，颗粒集中于粗端部分，并伴有一细尾；峰态变化较大，涵盖了宽、中等、窄、很窄、非常窄五种类型。粗粉沙和中粉沙粒级颗粒的分选性为差；偏度包括负偏、近对称、正偏三种类型；峰态包括宽、中等、窄三种类型。细粉沙和极细粉沙粒级颗粒的分选性为较差、差；偏度包括近对称、正偏、极正偏三种类型；峰态包括中等和宽两种类型。

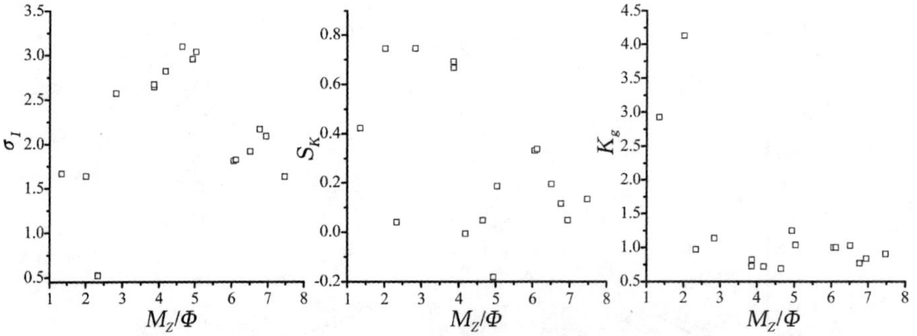

图5.7　柴达木盆地长垄状雅丹沉积物粒度参数散点图

粒度组成特征是判断沉积物可蚀性的重要指标。长垄状雅丹沉积物中粉沙粒级含量最高，占比高达44.03%；沙粒级含量次之，为35.99%；黏土含量最少，为19.98%。在地层剖面上表现为软硬岩层（即沙质亚砂土与粉质黏土或沙质亚黏土与粉质亚黏土）互层的现象。粉质黏土与粉质亚黏土结构比较坚硬致密，不易遭受外营力的破坏。但是,由于柴达木盆地西北部气候极端干旱,日温差和年温差均较大,出露的雅丹地层受热膨胀,遇冷后又发生收缩现象。这种热胀冷缩过程导致在雅丹地层表面发育许多节理。风力作用沿着这些节理和构造运动产生的裂隙进行吹蚀和磨蚀,作用于表层相对坚硬的岩层,使其下伏相对松软沙层暴露出来,并为外营力的进一步侵蚀创造了有利条件。

5.3 地球化学元素特征

5.3.1 化学元素组成

由于地层部位[10,20) cm 处的样品 Cl 元素超过仪器的检测范围,因此本部分仅分析与讨论 14 个雅丹地层沉积物与雅丹廊道流沙(YDLS)。实验结果表明,长垄状雅丹地层沉积物的地球化学元素主要包括 SiO_2、Al_2O_3、Fe_2O_3、MgO、CaO、Na_2O、K_2O、P_2O_5、TiO_2、MnO 等十种常量化合物(见表 5.3)和 Cl、V、Cr、Co、Ni、Cu、Zn、Ga、As、Br、Rb、Sr、Y、Zr、Nb、Ba、La、Ce、Nd、Pb 等二十种微量元素(见表5.4)。同时,为了与研究区内其他风成沉积物进行对比分析,本研究引用了察尔汗盐湖北岸线形沙丘及戈壁表层沉积物(李继彦 等,2018)及九州台全新世黄土(陈发虎 等,1990)等沉积物的常量元素组成数据。

表 5.3　长垄状雅丹地层沉积物及其他沉积物常量化合物含量

层位	SiO_2 含量 /%	Al_2O_3 含量 /%	Fe_2O_3 含量 /%	MgO 含量 /%	CaO 含量 /%	Na_2O 含量 /%	K_2O 含量 /%	P_2O_5 含量 /%	TiO_2 含量 /%	MnO 含量 /%	CIA 含量 /%
表层	14.01	5.61	1.56	11.20	14.28	5.51	0.56	0.06	0.18	0.04	23.06
[0,10) cm	21.04	7.56	1.51	10.49	7.04	12.35	1.28	0.08	0.22	0.04	17.97
[20,30) cm	23.95	8.00	1.65	9.95	6.57	14.28	0.99	0.07	0.21	0.03	17.97

续表

层位	SiO_2含量/%	Al_2O_3含量/%	Fe_2O_3含量/%	MgO含量/%	CaO含量/%	Na_2O含量/%	K_2O含量/%	P_2O_5含量/%	TiO_2含量/%	MnO含量/%	CIA含量/%
[30,220) cm	28.25	8.64	1.21	6.48	5.41	16.29	0.84	0.07	0.20	0.04	18.71
[220,260) cm	39.87	11.80	3.92	8.56	8.50	3.14	1.88	0.13	0.47	0.08	48.82
[260,300) cm	51.05	11.89	4.25	3.71	9.55	2.41	2.42	0.14	0.57	0.08	52.97
[300,315) cm	34.28	8.26	3.65	2.71	23.87	2.07	1.60	0.10	0.43	0.07	49.20
[315,325) cm	45.63	11.44	2.42	3.07	10.71	6.48	1.79	0.10	0.35	0.07	32.97
[325,350) cm	38.91	11.46	3.21	4.27	12.35	4.55	2.06	0.10	0.39	0.07	39.96
[350,357) cm	45.69	13.15	3.11	4.35	11.44	3.25	2.30	0.10	0.39	0.09	49.95
[357,395) cm	43.11	13.44	4.54	4.26	11.58	2.76	2.87	0.10	0.53	0.08	52.47
[395,465) cm	41.30	13.10	1.53	9.05	7.65	4.58	1.98	0.08	0.17	0.06	43.22
[465,550) cm	39.67	12.81	4.17	9.00	8.17	2.67	2.03	0.11	0.46	0.07	53.86
[550,600] cm	33.79	10.10	1.48	2.20	25.51	3.27	1.35	0.06	0.32	0.04	45.29
YDLS	55.52	9.78	2.31	1.98	8.18	3.86	1.93	0.10	0.53	0.06	39.78
戈壁	69.88	6.49	1.82	0.87	4.51	2.97	1.36	0.10	0.35	0.05	36.57
线形沙丘	73.09	7.78	1.74	0.96	4.36	3.49	1.72	0.07	0.35	0.04	36.83
九州台黄土	53.71	11.26	4.39	2.36	9.56	1.57	2.37	0.16	0.62	0.08	59.29
UCC	65.89	15.17	5.00	2.20	4.19	3.89	3.39	0.20	0.50	0.06	47.95
PAAS	62.80	18.90	7.22	2.20	1.30	1.20	3.70	0.16	1.00	0.11	70.38

注：戈壁与线形沙丘数据引自李继彦等(2018)；九州台黄土数据引自陈发虎等(1990)；上陆壳(UCC)和陆源页岩(PAAS，典型的UCC风化产物)数据引自Taylor等(1985)。

表 5.4　柴达木盆地长垄状雅丹地层沉积物微量元素含量

层位	Cl 含量/(μg/g)	V 含量/(μg/g)	Cr 含量/(μg/g)	Co 含量/(μg/g)	Ni 含量/(μg/g)	Cu 含量/(μg/g)	Zn 含量/(μg/g)	Ga 含量/(μg/g)	As 含量/(μg/g)	Br 含量/(μg/g)	Rb 含量/(μg/g)	Sr 含量/(μg/g)	Y 含量/(μg/g)	Zr 含量/(μg/g)	Nb 含量/(μg/g)	Ba 含量/(μg/g)	La 含量/(μg/g)	Ce 含量/(μg/g)	Nd 含量/(μg/g)	Pb 含量/(μg/g)
表层	29328.4	26.2	22.9	3.4	9.7	11.1	18.8	5.6	3.5	1.0	26.7	1161.0	7.1	87.9	4.3	701.9	22.5	/	11.0	12.5
[0,10)cm	101538.5	24.0	16.1	3.1	9.7	13.6	12.5	6.7	9.1	0.6	41.2	710.0	10.1	153.0	5.7	722.4	21.0	/	12.2	10.5
[20,30)cm	102665.7	27.5	23.8	2.8	15.1	12.7	15.9	8.5	13.5	11.3	49.9	435.6	9.8	113.8	5.8	421.4	20.4	/	7.0	5.7
[30,220)cm	124410.5	20.2	13.3	3.5	8.4	12.0	/	6.4	8.5	4.8	42.1	967.9	8.4	174.3	4.6	497.5	23.7	/	11.4	14.0
[220,260)cm	14816.8	64.2	57.4	6.4	28.2	25.8	42.6	13.6	3.4	8.6	82.4	280.3	19.4	165.6	11.8	499.6	36.0	/	15.5	12.9
[260,300)cm	7959.7	75.8	64.1	9.5	36.7	21.4	44.1	16.0	8.4	10.0	94.3	288.7	22.5	180.8	13.8	592.6	41.1	73.5	25.3	13.9
[300,315)cm	4880.3	57.5	48.2	8.4	30.2	22.9	35.4	10.3	12.9	5.6	52.5	1476.2	15.5	218.4	10.1	597.4	31.3	25.7	25.5	19.5
[315,325)cm	37064.9	48.4	35.1	5.6	21.5	23.6	19.9	12.2	5.5	3.2	69.8	1034.4	13.2	168.2	6.6	1078.3	37.2	16.0	20.6	17.8
[325,350)cm	29038.1	62.5	51.6	6.6	32.0	48.1	40.2	12.9	7.7	7.2	82.5	930.7	14.7	151.3	8.7	689.8	29.3	/	22.9	15.9
[350,357)cm	19929.8	62.3	44.7	7.1	29.5	34.2	33.7	14.0	6.5	9.0	82.9	1345.0	13.6	128.2	6.6	922.9	26.5	46.0	25.7	16.5
[357,395)cm	11999.0	90.3	78.1	9.9	42.5	31.9	71.9	18.2	9.0	3.4	113.8	753.6	19.7	164.7	12.2	567.7	36.7	59.6	29.0	18.5
[395,465)cm	26549.7	24.7	15.7	4.1	10.8	16.6	3.5	9.7	16.7	9.6	76.8	1062.9	7.0	86.2	3.1	748.3	39.8	/	14.7	16.4
[465,550)cm	9992.2	67.7	61.7	6.9	29.3	22.6	45.7	14.0	9.8	3.2	85.9	503.5	18.8	214.9	11.2	653.9	45.9	/	24.3	15.4
[550,600]cm	7091.4	36.8	24.2	4.9	12.9	17.3	8.6	8.6	28.2	1.8	26.1	3881.0	5.9	135.7	/	3314.5	56.3	/	33.9	37.1
YDLS	5043.9	46.3	26.9	49.7	16.1	10.8	10.8	12.4	5.5	/	82.9	536.3	19.5	263.8	11.9	643.3	27.5	42.7	18.3	14.3
UCC	640	107	85	17	44	25	71	17	1.5	1.6	112	350	22	190	12	550	30	64	26	17

在长垄状雅丹地层沉积物的常量化合物组成中，以 SiO_2 含量最高，介于 14.01%至 51.05%之间，平均含量为 35.75%，远小于雅丹廊道流沙(55.52%)、戈壁(69.88%)、线形沙丘(73.09%)和九州台黄土(53.71%)等风成沉积物中 SiO_2 的含量。CaO 和 Al_2O_3 的含量相差不大，并分居二、三位，含量分别变化于 5.41%至 25.51%和 5.61%至 13.44%之间，平均值分别为 11.62%和 10.52%。雅丹地层沉积物中 CaO 的含量远高于戈壁(4.51%)和线形沙丘(4.36%)，与 YDLS(8.18%)和九州台黄土(9.56%)相接近，平均为 11.62%。Al_2O_3 的含量稍高于戈壁(6.49%)和线形沙丘(7.78%)，与 YDLS(9.78%)和九州台黄土(11.26%)相接近，平均为 10.52%。雅丹地层中 MgO 的平均含量为 6.38%，变化于 2.20%至 11.20%之间，远

高于戈壁(0.87%)和线形沙丘(0.96%),稍高于YLDS(1.98%)和九州台黄土(2.36%)。Na_2O 在雅丹地层沉积物中的平均含量为5.97%,介于2.07%～16.29%,稍高于YDLS(3.86%)、戈壁(2.97%)、线形沙丘(3.49%)和九州台黄土(1.57%)。长垄状雅丹地层沉积物中其他常量化合物的含量均低于5%。

在长垄状雅丹地层沉积物的微量元素组成中,Cl元素含量最高,变化于4880.3～124410.5 μg/g,平均值为37661.8 μg/g,该数值远高于雅丹廊道流沙Cl元素的含量(5043.9 μg/g)。Sr元素的含量居第二位,平均含量为1059.3 μg/g,介于280.3 μg/g至3881.0 μg/g之间,稍高于雅丹廊道流沙Sr元素的含量(536.3 μg/g)。Ba元素的含量居第三位,平均值为857.7 μg/g,变化于421.4 μg/g至3314.5 μg/g之间,稍高于雅丹廊道流沙Ba元素的含量(643.3 μg/g)。Zr元素含量居第四位,平均值为153.1 μg/g,介于86.2 μg/g至218.4 μg/g之间,稍低于雅丹廊道流沙Zr元素的含量(263.8 μg/g)。长垄状雅丹地层沉积物中其余微量元素的含量均低于100 μg/g。

5.3.2 UCC标准化值

以上陆壳(upper continental crust,UCC)平均化学组成为标准,对长垄状雅丹地层及对比沉积物的各元素进行归一化处理,得到各元素的标准化值分布图(见图5.8、图5.9)。由常量化合物的UCC标准化值分布图可知,各常量化合物表现为不同程度的富集或亏损状态(见图5.8)。MgO和CaO均处于富集状态,且在所有常量化合物中富集程度最高,标准化值平均分别为2.90和2.77。MgO在雅丹流沙中表现为轻微亏损状态,标准化值为0.90;在戈壁和线形沙丘沉积物中的亏损程度较高,标准化值分别为0.39和0.44;在九州台黄土中表现为轻微富集,标准化值为1.07。CaO在雅丹廊道流沙和九州台黄土沉积物中的富集程度较高,标准化值分别为1.95和2.28;

在戈壁和线形沙丘沉积物中表现为轻微富集，标准化值分别为 1.08 和 1.04。Na_2O 的富集或亏损状态随着剖面高度的变化而变化。总体而言，在长垄状雅丹地层剖面的上部(表层至 220 cm)，Na_2O 的富集程度较高，标准化值变化于 1.42 至 4.19 之间，平均值为 3.11；而在 220 cm 以下的地层中出现多期亏损-富集的交替循环现象。TiO_2 和 MnO 除在个别地层表现为富集状态外，在其余地层中均表现为亏损状态。其余化合物在雅丹地层中均表现为不同程度的亏损状态。

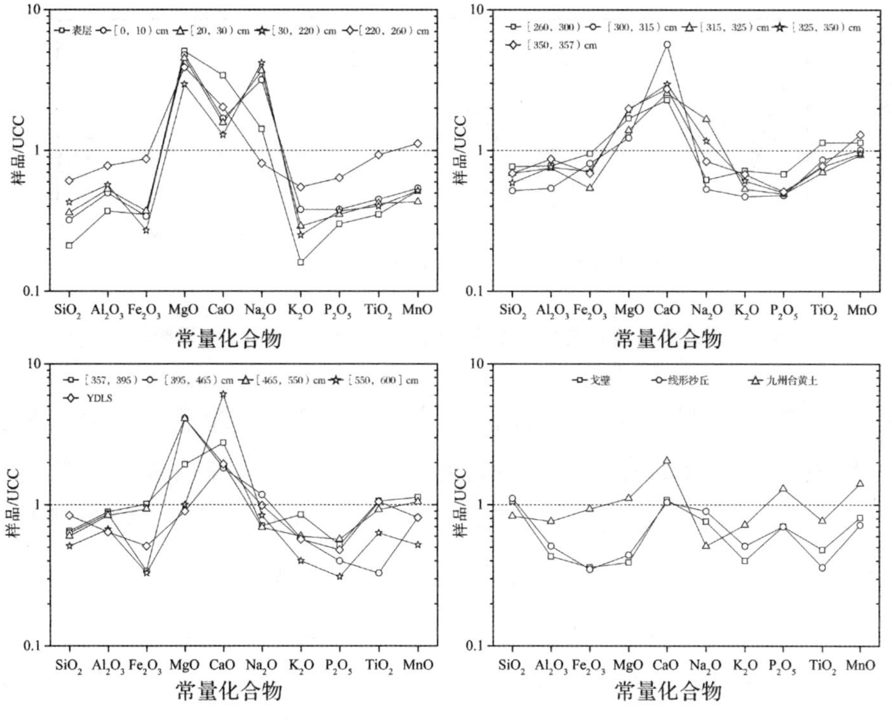

图 5.8　柴达木盆地长垄状雅丹及其他沉积物常量化合物 UCC 标准化值分布

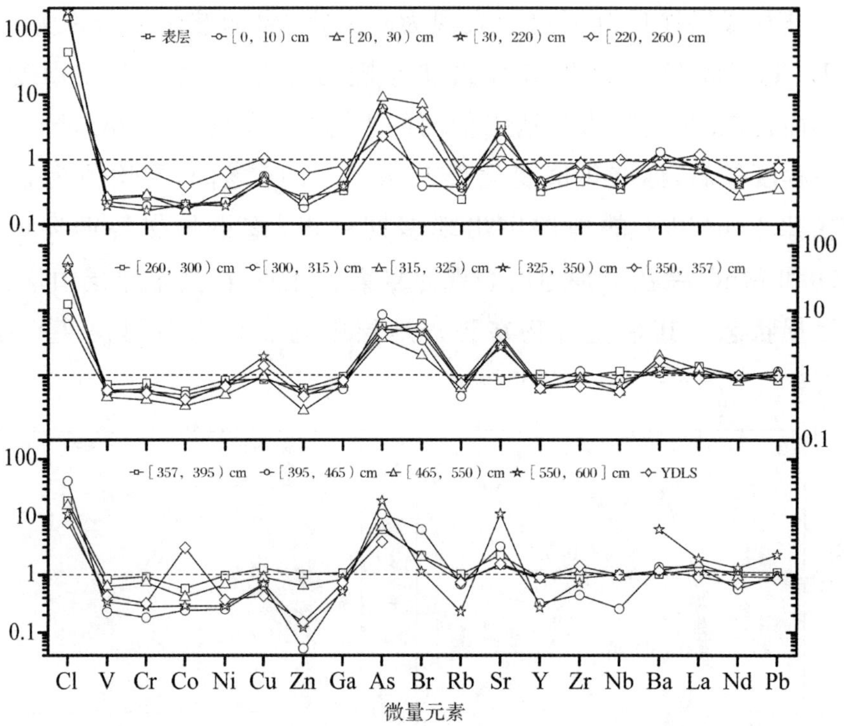

图 5.9 柴达木盆地长垄状雅丹及其他沉积物微量元素 UCC 标准化值分布

长垄状雅丹地层沉积物的常量化合物 UCC 标准化值分布模式差别较大，与 YDLS、戈壁、线形沙丘、九州台黄土等风成沉积物的分布模式均有一定的差异。但是，YDLS 与九州台黄土、戈壁与线形沙丘沉积物相互之间的 UCC 标准化值分布模式却表现出一定的一致性。这种分布模式的一致性可能指示着雅丹廊道流沙在一定程度上可作为下风向黄土的物质供应区，而这些雅丹廊道流沙归根溯源来自雅丹地层中的沙物质。因此，雅丹地层内丰富的碎屑物质可作为下风向黄土的物质来源区之一(Stauch et al.，2012；Dong et al.，2017)。戈壁表层沉积物是察尔汗盐湖北岸线形沙丘沙物质的重要来源之一(李继彦 等，2018；Liang et al.，2019)。然而，该结论只是依据地球化学元素组层获得，还需要其他的研究方法进一步证实。

长垄状雅丹地层沉积物微量元素的 UCC 分布模式的一致性较强，总体表现为 Cl 和 As 元素的富集程度较高；Br 和 Sr 元素除在个别层位轻微亏损外，在其余部位均表现为不同程度的富集；Ba 和 La 元素在某些层位轻微富集，而在另一些层位则呈现轻微淋溶（见图 5.9）。在所有微量元素中，Cl 元素的富集程度最高，标准化值变化于 7.63 至 194.39 之间，平均为 58.85，远高于雅丹廊道流沙的标准化值（7.88）。As 元素的富集程度居次席，标准化值平均为 6.79，介于 2.67 至 18.77 之间，稍高于雅丹廊道流沙的标准化值（3.66）。Br 和 Sr 富集程度相类似，标准化值平均分别为 3.54 和 3.03，在个别层位表现为亏损状态，标准化值分别介于 0.39 至 7.09 和 0.80 至 11.09 之间。Br 元素在雅丹廊道流沙中的含量极低，未检测到数值；而 Sr 元素在雅丹廊道流沙中的标准化值为 1.53，表现为轻微富集。Ba 和 La 元素的富集程度相似，标准化值平均分别为 1.56 和 1.11。除 Ba 元素在[550,600] cm 层位表现为富集程度较高之外，Ba 和 La 两种元素在其余层位均表现轻微的富集或淋失状态。其余元素，除 Co、Pb、Cu、Zr 在个别层位富集外，在其余地层中均表现为不同程度的淋失。

5.3.3 化学蚀变指数(CIA)

1. CIA

化学蚀变指数（chemical index of alteration，CIA）是一种用来指示源区物质遭受的化学风化程度的无量纲指标，最初是由 Nesbitt 等（1982）在对加拿大元古代碎屑物质研究时提出的。后来随着该指标在其他沉积物研究中应用的深入，发现化学蚀变指数对于源岩的物质组成、成岩作用以及气候环境变化等也具有一定的指示意义（冯连君 等，2003）。

CIA 主要是基于上陆壳平均物质组成、矿物的稳定性及其经历的风化过程等因素而提出的。据估算，上陆壳的平均矿物构成（体积百分比)约是石英为21%,斜长石为41%,钾长石为21%(Wedepohl,1969)。因此,长石作为上陆壳含量最丰富的不稳定矿物,其经历的风化过程及伴随的黏土矿物的形成过程便构成了化学风化的主导过程。在长石所经受的风化过程中,Ca、Na和K元素被大量淋溶,产生多种富含Al元素的黏土类矿物,使得在后期的风化产物中Al_2O_3的含量相对于碱金属元素的比例升高。据此,Nesbitt等(1982)提出了CIA的计算公式:

$$\mathrm{CIA}=[m(\mathrm{Al_2O_3})/(m(\mathrm{Al_2O_3})+m(\mathrm{CaO^*})+m(\mathrm{Na_2O})+m(\mathrm{K_2O}))]\times 100 \quad (5.6)$$

式中:各元素的含量均以摩尔分数表示,CaO^*指硅酸盐中的CaO,即全岩中的CaO减去化学沉积物的碳酸盐和磷酸盐中的CaO的摩尔分数。因此,在CIA计算过程中,需要对碳酸盐和磷酸盐的含量进行校正。由于硅酸盐中的CaO与Na_2O通常以1∶1的比例存在,所以McLennan(1993)认为当CaO的摩尔分数大于Na_2O时,则$m(CaO^*)=m(Na_2O)$;反之,则$m(CaO^*)=m(CaO)$。在本计算公式中,$m(CaO^*)$值据此方法计算。

CIA能够有效地指示长石矿物风化成黏土矿物的程度,同沉积物中的黏土矿物/长石比值成正比,因此,该指标可以很好地表示硅酸盐矿物的化学风化强度(李徐生 等,2007)。通常,未风化的钠长石、钙长石和钾长石的CIA为50,而透辉石则为0;新鲜玄武岩的CIA介于30至45之间,而花岗岩和花岗闪长岩的CIA更高,介于45至55之间;白云母的CIA为75,伊利石和蒙脱石的CIA介于75至85之间;高岭石和绿泥石的CIA则接近100(Nesbitt et al.,1982)。研究结果表明,CIA介于50至65之间,指示寒冷干燥气候条件下的低等化学风化过程;CIA介于65至85之间,指示温暖湿润条件下的中等化学风化过程;CIA介于85至100之间,则指示的是炎热潮湿的热带、亚热带气候条件下的强烈化学风化过程(Nesbitt et al.,1989)。

据公式计算的长垄状雅丹沉积物 CIA 变化范围较大，介于 17.97 至 53.86 之间，平均值为 39.03（见表 5.3）。CIA 值在表层至 220 cm 的层位内数值较小，介于 17.97 至 23.06 之间，平均值仅为 19.43。而在 220 cm 以下的地层层位中，CIA 数值较大，变化于 32.97 至 53.86之间，平均值为 46.87。从整个雅丹地层沉积物的 CIA 平均值看，与戈壁（36.57）、线形沙丘（36.83）、雅丹廊道流沙（39.78）的 CIA 相一致，却远小于 UCC（47.94）和 PAAS（70.38）的 CIA。需要注意的是，[220，600] cm 之间的地层层位样品的 CIA 平均值与 UCC 较接近。因此，从 CIA 数值来看，长垄状雅丹地层沉积物的化学风化程度整体较低。

2. A-CN-K 图解

CIA 除了上述的无量纲数值表示方式之外，也可以用 A-CN-K 三角图来表示（见图 5.10）。A-CN-K 三角图模型是由 Nesbitt 等（1984）在质量平衡原理、长石淋溶实验和矿物稳定性热力学等实验和理论的基础上，所提出的大陆化学风化趋势预测模型。目前该模型被广泛应用于反映化学风化趋势及化学风化过程中主成分和矿物学变化（陈骏 等，2001；李徐生 等，2007）。该模型认为陆源页岩（PAAS）为典型的上陆壳（UCC）的初级风化产物，因此由 UCC 指向 PAAS 的方向代表了典型的最初期的大陆风化趋势。由该模型可知，大陆风化过程主要包括三个阶段。

（1）早期阶段：以斜长石的风化为主要标志，风化产物以伊利石、蒙脱石和高岭石为主，风化趋势线（见图 5.10，长实线箭头）准平行于 A-CN 连线。这主要是由于 Na、Ca 从斜长石的淋失迁移速度通常远远大于 K，导致 Na、Ca 的大量淋失。同时，由于河流溶质代表了大陆风化过程中的可溶组分，其组成点落在风化趋势线的反向延长线上（见图 5.10，虚线箭头）（Nesbitt et al.，1980）。

（2）中期阶段：当风化趋势线抵达 A-K 连线时，指示风化剖面中的斜长石已经全部消失殆尽，风化作用进入以钾长石和伊利石为风化标志的中期阶段，风化趋势线（见图 5.10，短实线箭头）准平行于 A-K 连线。此时，大陆风化过程以 K 的大量淋失迁移为主要特征。

(3)晚期阶段：随着 K 元素的淋失殆尽，风化趋势线逐渐向 A 点趋近，标志着大陆风化进入晚期阶段。该阶段的风化产物以石英、高岭石、三水铝石和少量的铁的氢氧化合物为主。

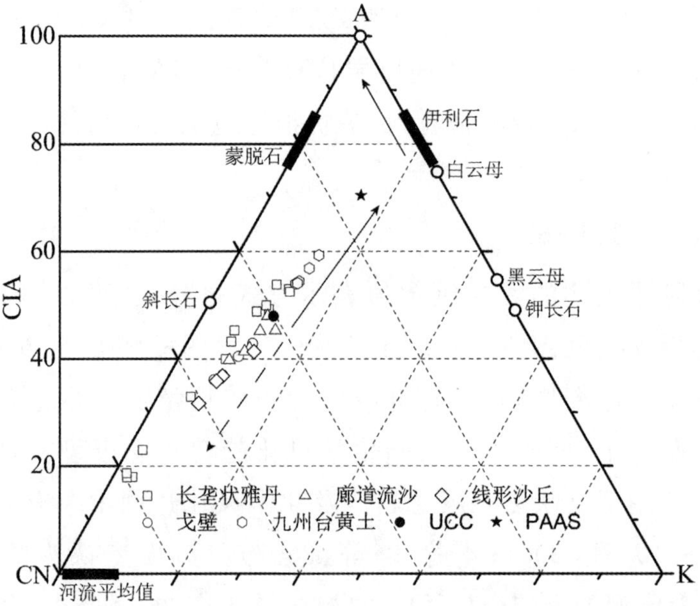

图 5.10　柴达木盆地长垄状雅丹及其他对比沉积物 A-CN-K 三角图

将长垄状雅丹地层沉积物及雅丹廊道流沙、戈壁、线形沙丘、UCC、PAAS 等对比物质的 CIA 数值一并投点到 A-CN-K 三角图中，如图 5.10 所示。由图 5.10 可知，长垄状雅丹地层沉积物呈条带状近平行于 A-CN 连线，除三个样品的数据点在斜长石与钾长石连线的上方外，其余数据点均在斜长石与钾长石连线的下方，位于初期风化趋势线的反向延长线上。该分布模式表明，长垄状雅丹沉积物的大陆风化程度较低，总体处于大陆风化的初期阶段，即微弱的脱 Na、Ca 阶段。虽然雅丹沉积物的总体风化程度较低，但是 CIA 数据点呈断续的条带状分布模式表明沉积物间的脱 Na、Ca 程度也有一定的差异，即[220,315) cm 以及[350,600] cm 层位的沉积物化学风化程度明显高于其他层位。长垄状雅丹地层沉积物的化学风化程度总体较低，主要可以归结为柴达木盆地西北部低温、干燥的气候环境条件，导致地表缺少有效的化学风化过程。

研究区内的其他风成沉积物的数据点也位于斜长石与钾长石连线的下方，且在分布模式上同长垄状雅丹沉积物数据点相类似，组成断续分布的准平行于 A-CN 连线的条带状，且与雅丹数据点存在部分重合。而对比的九州台黄土均位于斜长石与钾长石连线的上方，数据点分布相对密集且处于 UCC 与 PAAS 之间，位于初期风化趋势线上，其化学风化程度远高于柴达木盆地内部各沉积物。因此，柴达木盆地内部的雅丹地层沉积物及风成沉积物的大陆风化程度均较低，均处于早期的脱 Na、Ca 阶段，且在脱 Na、Ca 的程度上差别较大。

同时需要注意的是，柴达木盆地内部沉积物的数据点主体均位于斜长石与钾长石连线的下方，在初期风化趋势线的反向延长线上，趋近全球河流的平均值。由于雅丹地貌发育的物质基础就是河湖相地层，因此早期的物质被搬运到古湖泊后，经历了长期的湖水环境。戈壁是在山前冲洪积平原的基础上发育而成的，其物质主要是由发育于山区的河流通过长期的冲洪积作用搬运、堆积而来。雅丹廊道流沙，是由雅丹体内富含的沙层经后期外营力的侵蚀而剥露出来的。线形沙丘则是由戈壁表层沉积物和雅丹廊道流沙在风力搬运作用下，堆积于干盐滩表面而形成的。因此，这些物质在本质上都与流水作用具有一定的关系。再加上后期的化学风化作用程度较低，不能消除掉早期的流水作用留下的痕迹，因此造成柴达木盆地的沉积物均处于较低等的大陆风化程度，即处于早期的脱 Na、Ca 阶段。

5.4　矿物组成特征

5.4.1　轻矿物组成

应用矿物解离度分析仪，本研究共发现32种矿物，其中轻矿物11种，重矿物21种。同时，为了与柴达木盆地内其他沉积物类型对比，本研究又引用了戈壁、线形沙丘和雅丹廊道流沙的矿物组成数据（Liang et al.，2019）。本书所指的碱性长石包括正长石、钠长石和透长石三种（Streckeisen，1976），而长石总的含量包括碱性长石与斜长石含量的总和（见表5.5）。

表 5.5　长垄状雅丹轻矿物组成特征及与盆地内其他沉积物对比

雅丹与对比沉积物	石英含量/%	方解石含量/%	大隅石含量/%	高岭石含量/%	氟硅铝钙石含量/%	白云石含量/%	葡萄石含量/%	石膏含量/%	斜长石含量/%	碱性长石含量/%			合计/%
										正长石含量/%	钠长石含量/%	透长石含量/%	
[10,20) cm	8.12	0	0.34	0.01	0.23	5.94	0.08	66.87	1.36	2.95	5.91	0	91.81
[30,220) cm	35.33	2.79	1.62	0.01	1.61	1.89	0.37	1.55	4.78	12.83	22.93	0	85.71
[315,325) cm	25.62	6.67	2.27	0.05	3.97	1.54	0.37	0.02	6.20	8.83	19.23	0	74.77
[357,395) cm	5.52	1.98	3.01	0.21	49.84	1.18	5.76	0	2.50	2.56	3.58	0	76.14
[550,600] cm	14.31	31.61	0.86	0	1.57	0.95	0.31	0	2.62	6.59	11.80	0	70.62
YDLS	46.51	1.89	3.30	0.09	1.66	0.58	0.48	0	4.72	11.22	19.03	0	89.48
戈壁 01	56.32	6.27	3.55	0.03	1.15	0.20	0.35	0.01	2.12	5.09	14.08	0	89.17
戈壁 02	50.53	5.70	4.52	0.04	1.03	0.27	0.15	0.04	1.27	7.81	21.63	0	92.99
戈壁 03	54.71	3.82	5.28	0.09	1.40	0.31	0.12	0	1.21	7.72	18.32	0	92.98
戈壁 04	49.21	4.40	4.26	0.04	0.68	0.50	0.35	2.76	1.74	7.10	17.55	0	88.59
廊道流沙 01	52.58	1.78	3.27	0.08	1.10	0.04	0.11	0.14	2.42	11.83	21.59	0	94.94
廊道流沙 02	55.96	3.17	5.27	0.30	0.61	0.09	0.09	0	1.55	7.02	19.38	0	93.44
廊道流沙 03	55.51	3.99	4.77	0.03	0.62	0.12	0.09	0.01	2.06	10.64	15.26	0	93.10
廊道流沙 04	31.03	6.12	1.38	0.13	1.65	1.99	0.05	0.15	2.78	6.77	10.46	0	62.51
廊道流沙 05	27.29	8.24	1.45	0	2.07	2.08	0.13	0	2.50	8.21	9.78	0	61.75
线形沙丘 01	50.22	6.57	1.67	0	0	0.20	0	0	0.56	8.10	15.59	0.97	83.88
线形沙丘 02	55.86	2.79	0.41	0	0	0.08	0	0	0.70	12.10	15.56	1.44	88.94
线形沙丘 03	53.73	2.97	0.83	0	0	0.09	0	0	0.65	13.91	15.49	1.07	88.74
线形沙丘 04	47.48	6.80	1.24	0	0	0.27	0	0	0.96	8.70	17.21	1.17	83.83

由表5.5可知，长垄状雅丹地层沉积物及对比的戈壁、廊道流沙和线形沙丘沉积物所含轻矿物种类除在雅丹、戈壁、廊道流沙内未检测到透长石，在线形沙丘沉积物中未检测到高岭石、氟硅铝钙石、葡萄石和石膏外，其余矿物种类基本相同。从轻矿物含量看，长垄状雅丹沉积物与戈壁、廊道流沙和线形沙丘沉积物差别较大。长垄状雅丹沉积物轻矿物平均含量为79.81%，变化于70.62%至91.81%之间；戈壁沉积物中轻矿物的含量介于88.59%至92.99%之间，平均为90.93%；雅丹廊道流沙中轻矿物的平均含量为82.54%，变化于61.75%至94.94%之间；线形沙丘沉积物中轻矿物平均含量为86.35%，介于83.83%至88.94%之间。

在雅丹地层沉积物中，以长石含量最高，平均含量为22.93%，变化于8.64%至40.54%之间。在所有长石类型中，以钠长石的含量最高，平均为12.69%，介于3.58%至22.93%之间；正长石含量次之，平均为6.75%，变化于2.56%至12.83%之间；斜长石含量最少，变化于1.36%至6.20%之间，平均含量为3.49%。此外，在其他轻矿物中，石英含量仅次于长石，平均含量为17.78%，变化于5.52%至35.33%之间。石膏和氟硅铝钙石含量相差不大，平均含量分别为13.69%和11.44%，分别变化于0至66.87%和0.23%至49.84%之间。需要指出的是，石膏含量最高的地层位于[10,20) cm部位，在该部位及以上的地层中可明显看到密集散布的结晶盐体。方解石的平均含量为8.61%，介于0至31.61%之间。其余轻矿物的平均含量均低于6%。

戈壁、雅丹廊道流沙和线形沙丘沉积物的轻矿物含量与长垄状雅丹沉积物差别较大。具体表现为：前三者均是以石英和长石的矿物组合为主，二者含量在戈壁沉积物中平均高达79.10%，介于70.50%至87.03%之间；在雅丹廊道流沙中的平均含量为72.68%，变化于47.30%至83.92%之间；在线形沙丘沉积物中的平均含量高达80.37%，介于72.70%至86.98%之间。而石英和长石的平均含量在雅丹沉积物中仅为 40.71%，介于 14.16%至 75.87%之间。

此外，在三种对比沉积物中，石英的平均含量均远高于长石含量，在戈壁沉积物中，二者分别为 52.69%和 26.41%；在雅丹廊道流沙中，二者分别为 44.81%和 27.87%；在线形沙丘中，二者分别为 51.81%和 28.55%；而在雅丹沉积物中，二者的平均含量分别为 17.87%和 22.93%。同时，在长石组合中，碱性长石的含量远高于斜长石。在雅丹沉积物中，碱性长石和斜长石的含量分别为 19.44%和 3.49%。而在三种对比沉积物中，碱性长石与斜长石的含量差别更大，在戈壁沉积物中，二者分别为 24.83%和 1.59%；在雅丹廊道流沙中，二者分别为 25.20%和 2.67%；在线形沙丘沉积物中，二者平均含量分别为 27.83%和 0.72%[见图 5.11(a)]。另外，在三种对比沉积物中，方解石的含量稍低于雅丹沉积物，在戈壁沉积物的平均含量为5.05%，雅丹廊道流沙中的平均含量为 4.20%，线形沙丘沉积物中的平均含量为 4.78%，而在雅丹地层中的平均含量为 8.61%[见图 5.11(b)]。

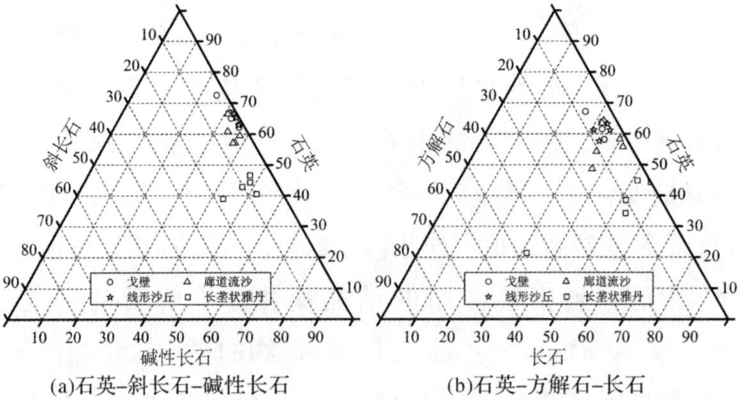

图 5.11　柴达木盆地长垄状雅丹及对比沉积物轻矿物组成三角图(单位：%)

石英和长石是碎屑沉积物中最常见的风化产物。由于石英是硅酸盐岩石最主要的组成矿物，再加上石英自身物理和化学性质稳定，因此石英是最普遍的稳定风化产物，抗风化能力强；而长石则是分布较广泛的不稳定矿物。所以，石英与长石含量的比例(Q/F)很早便被用来指示碎屑沉积物的风化程度(Pettijohn et al.,1987),以该指标来表示矿物的成熟度。现在该指标已成为沉积物化学风化强度的传统性替代指标(Muhs,2004;Wang et al.,2006b),并以此来探讨沉积物的搬运、堆积与风化过程。根据计算结果,在雅丹地层沉积物中,石英与长石含量的比例介于 0.64 至 0.87 之间,平均为 0.75;而在戈壁沉积物中,石英与长石含量的比例的平均值为 2.04,介于 1.65 至 2.65 之间;雅丹廊道流沙内石英与长石含量的比例的平均值为 1.61,介于1.33 至 2.00 之间;线形沙丘沉积物中石英与长石含量的比例的平均值为 1.82,介于 1.69 至 1.99 之间(见图 5.12)。因此,戈壁、雅丹廊道流沙和线形沙丘沉积物的石英与长石含量的比值均高于雅丹沉积物,即前三者对比沉积物的大陆风化程度要高于雅丹地层沉积物。这是由于前三者均经过了长距离的外力搬运过程,在该过程中,三者均由其源区沉积环境被搬运到新的沉积环境,从而造成其外部环境发生变化。

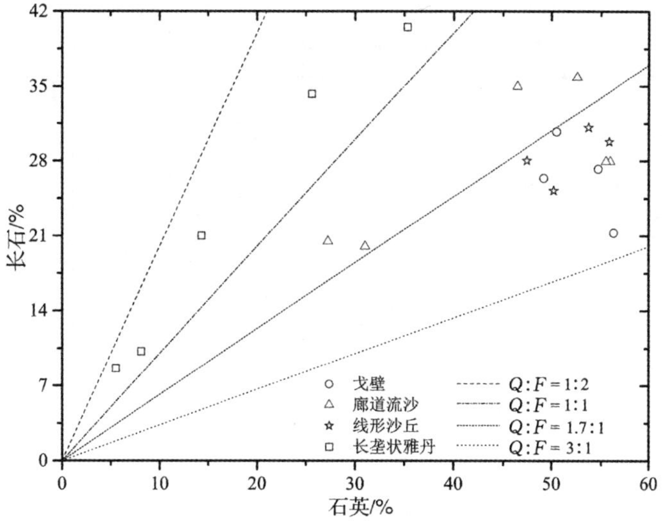

图 5.12　柴达木盆地长垄状雅丹及对比沉积物石英与长石含量对比

矿物的稳定性还受到温度、降水、pH 值、地形及排水状况等因子的影响,因此,为了适应外部环境,原来的矿物要经过化学风化过程变成更稳定的矿物。而雅丹地层沉积物则赋存于雅丹体内部，因此它们大都保持了早期湖相地层沉积环境，只有出露于雅丹体表层的矿物才能与外部环境相接触。由于物质与外部环境基本隔离，不会受到地表环境的影响，矿物不能进一步通过化学反应形成新的稳定矿物，因而雅丹地层沉积物中不稳定矿物的含量非常高。例如，在[10,20) cm 层位石膏的含量高达 66.87%，在[357,395) cm 层位氟硅铝钙石的含量高达 49.84%，在[550,600] cm 层位方解石的含量高达 31.61%。

5.4.2 重矿物组成

碎屑沉积物的重矿物组合一方面取决于源区岩石的物质组成特征，另一方面则取决于构造运动和气候条件因素对重矿物的影响，而影响程度则与重矿物的化学稳定性相关。在长垄状雅丹矿物组成中，包含有 21 种重矿物，如表 5.6 所示。

表 5.6 长垄状雅丹及廊道流沙重矿物组成

重矿物稳定性分类		[10,20)cm	[30,220)cm	[315,325)cm	[357,395)cm	[550,600]cm	YDLS
不稳定重矿物	角闪石	0.02%	0.07%	0.08%	0.09%	0.11%	0.02%
	韭闪石	0.90%	0.69%	3.39%	4.59%	0.90%	0.43%
	霰石	0.92%	4.49%	9.50%	1.78%	21.14%	1.39%
	黑云母	0.94%	0.96%	2.78%	2.54%	0.79%	0.57%
	镁橄榄石	0.04%	0.04%	0.04%	0.06%	0.01%	0
	阳起石	0.50%	1.78%	1.58%	1.06%	1.71%	2.70%
	透辉石	1.46%	0.82%	0.91%	1.77%	0.65%	0.07%
	铁白云石	0.35%	0.02%	0.11%	0.06%	0.01%	0
较稳定重矿物	铁铝榴石	0.53%	0.96%	1.90%	0.83%	1.38%	1.07%
	白云母	0.60%	1.89%	1.98%	2.67%	1.15%	2.06%
	硅灰石	0.10%	0.10%	0.33%	0.41%	0.45%	0.12%
	磷灰石	0.05%	0.08%	0.09%	0.06%	0.04%	0.09%
	硬玉	0.50%	0.71%	1.23%	0.29%	0.39%	1.03%
	十字石	0.01%	0.01%	0.04%	0.21%	0.05%	0.02%
	红帘石	0.05%	0.21%	0.22%	0.48%	0.13%	0.22%

续表

重矿物稳定性分类		[10,20)cm	[30,220)cm	[315,325)cm	[357,395)cm	[550,600]cm	YDLS
稳定重矿物	榍石	0.07%	0.34%	0.25%	0.12%	0.11%	0.12%
	针铁矿	0.02%	0.15%	0.09%	0.08%	0.04%	0.18%
	羟硅锰铁石	0	0	0.02%	0.01%	0.01%	0.02%
极稳定重矿物	钛铁矿	0.03%	0.43%	0.05%	0.03%	0.03%	0.09%
	金红石	0.01%	0.06%	0.02%	0.02%	0.01%	0.04%
	独居石	0	0	0	0.01%	0	0.01%
合计		7.10%	13.81%	24.61%	17.17%	29.11%	10.25%

长垄状雅丹地层沉积物的重矿物含量介于 7.10%至 29.11%之间,平均含量为 18.36%,稍高于雅丹廊道流沙的重矿物含量(10.25%)。其中,[315,325) cm 和[550,600] cm 层位的长垄状雅丹沉积物重矿物含量均超过 20%,远较其他层位沉积物的重矿物含量高。在这两个层位的重矿物组成中,尤以霰石的含量为突出,在两个层位的含量分别为 9.50%和 21.14%。而霰石又是一种不稳定重矿物,出露地表后,在自然环境条件下,可以迅速转化为方解石(朱筱敏,2008)。在其他重矿物中,韭闪石平均含量为 2.09%,变化于 0.69%至 4.59%之间,远高于雅丹廊道流沙(0.43%);白云母平均含量为 1.66%,介于 0.60%至 2.67%之间,稍低于雅丹廊道流沙(2.06%);黑云母平均含量为 1.60%,介于 0.79%至 2.78%之间,远高于雅丹廊道流沙(0.57%);阳起石平均含量为 1.33%,介于 0.50%至 1.78%,稍低于雅丹廊道流沙(2.70%);透辉石和铁铝榴石的平均含量为 1.12%,前者远高于雅丹廊道流沙(0.07%),而后者则与雅丹廊道流沙相当(1.07%)。

由于各造岩矿物的内部构造、化学成分以及所处位置的风化条件(气候条件)的不同,导致在地表风化带中,各种重矿物的稳定性差别较大。按照重矿物抵抗外力风化能力的不同,可以将重矿物划分为不稳定、较稳定、稳定、极稳定重矿物类型(任明达 等,1985;陈国英 等,1993,1997;钱亦兵 等,2001),且各种重矿物类型以各自百分含量表示,其相互之间的数量变化,可以反映沉积物重矿物组合的总体风化特征。通过对具有不同稳定性的重矿物组分分析发现,长垄状雅丹重矿物组成以不稳定重矿物为主,平均含量占重矿物总含量的73.56%,介于64.23%至86.98%之间,远高于戈壁和雅丹廊道流沙,与线形沙丘沉积物较接近;雅丹沉积物中较稳定重矿物的平均含量占重矿物总含量的23.86%,变化于12.33%至28.83%之间;稳定-极稳定重矿物的含量变化于0.69%至7.10%之间,平均含量为2.58%(见图5.13)。根据上述分析可知,柴达木盆地长垄状雅丹沉积物的重矿物组成以不稳定和较稳定重矿物为主,平均含量占重矿物总含量的90%以上。

而在三种对比沉积物的重矿物组成中,戈壁表层沉积物以较稳定重矿物含量最高,占重矿物总含量的平均值为46.13%,介于31.97%至55.37%之间;不稳定重矿物含量次之,占重矿物总含量的平均值为36.03%,介于33.13%至39.22%之间;稳定-极稳定重矿物的平均含量为17.84%,介于10.74%至30.15%之间。雅丹廊道流沙的重矿物组成以不稳定重矿物含量最高,平均含量为60.09%,介于43.72%至90.76%之间;较稳定重矿物次之,平均含量为35.54%,介于7.28%至52.91%之间;稳定-极稳定重矿物含量最低,平均含量为4.37%,介于1.78%至10.02%之间。同雅丹和廊道流沙沉积物重矿物组成类似,线形沙丘沉积物也是以不稳定重矿物含量最高,平均含量高达74.67%,介于70.73%至79.84%之间;较稳定重矿物含量次之，平均为22.73%，介于18.27%至26.16%之间；稳定-极稳定重矿物含量最低，平均含量仅为2.60%，介于1.89%至3.10%之间(见图5.13)。

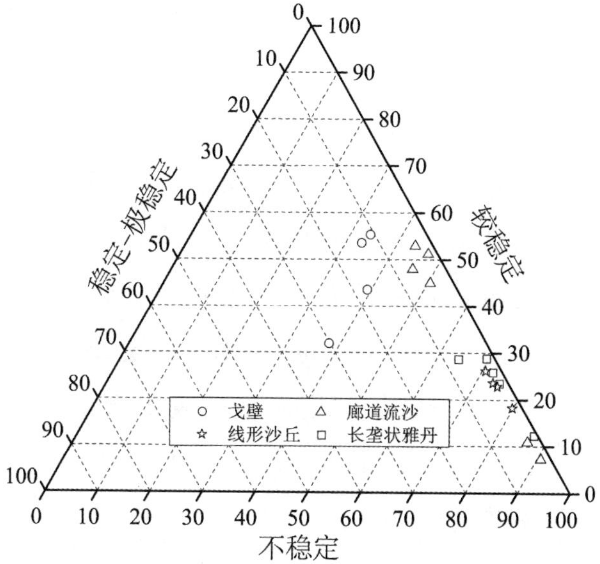

图5.13 柴达木盆地长垄状雅丹及对比沉积物重矿物稳定性三角图(单位:%)

重矿物的稳定系数是衡量稳定重矿物组分相对非稳定重矿物组分的比值，用以指示碎屑沉积物经历化学风化作用的强弱，计算公式可表示为

$$稳定系数 = S/U \tag{5.7}$$

式中，S指稳定重矿物组分，包括稳定-极稳定重矿物含量；U指不稳定重矿物组分，包括不稳定-较稳定重矿物含量。稳定系数越大，表明碎屑沉积物中的稳定重矿物组分的含量越高，相应地，非稳定重矿物组分含量就越低，表明沉积物经历了强烈的风化过程；反之，则风化过程较弱(沈丽琪,1985)。研究表明，重矿物百分含量与重矿物稳定系数具有反同步变化关系，这是由气候条件因素的差异导致的。

在相对温暖湿润的气候条件下，大量的不稳定重矿物经过强烈的风化作用不断分解，其含量也相应地不断减少，而稳定重矿物的百分含量则相应地不断增加；在气候比较寒冷的地区，如冰川冰缘地貌区，风化作用非常微弱，非稳定重矿物组分含量很高，因而重矿物的稳定系数较低。

通过计算分析，发现长垄状雅丹地层沉积物的重矿物稳定系数平均值为 0.03，变化于 0.01 至 0.08 之间，这主要是由于不稳定-较稳定重矿物组分的含量可达重矿物总含量的 97%以上。对比发现，线形沙丘沉积物的重矿物稳定系数与雅丹沉积物较一致，平均值也为 0.03，变化于 0.02 至 0.03 之间，变化范围更小，指示线形沙丘沉积物的风化程度较一致；雅丹廊道流沙的重矿物稳定系数稍高于雅丹沉积物，平均值为 0.05，变化于 0.02 至 0.11 之间；戈壁表层沉积物的重矿物稳定系数最高，平均值为 0.23，变化于 0.12 至 0.43 之间（见图 5.14）。

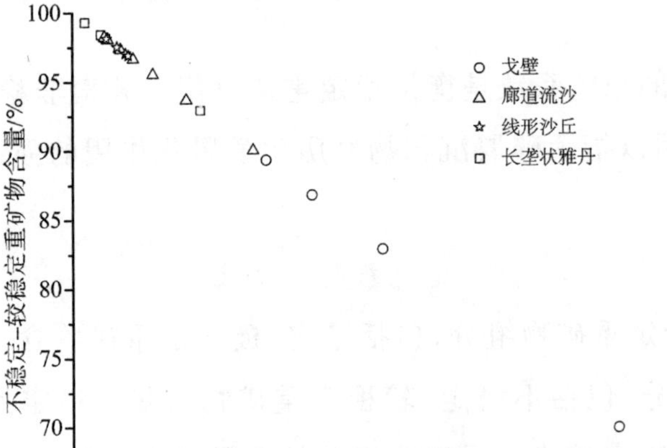

图 5.14　柴达木盆地长垄状雅丹及对比沉积物重矿物稳定系数

5.5 讨　论

5.5.1 粒度组成对雅丹地貌发育演化的意义

雅丹地貌是一种典型的风蚀地貌形态，因此，其组成物质抗外力侵蚀的能力对雅丹地貌的发育具有重要意义。与位于南美洲安第斯山区发育于熔结凝灰岩和玄武岩基础上的雅丹不同，柴达木盆地雅丹是在柴达木盆地西北部第四纪湖相沉积地层的基础上发育的。粒度分析结果表明，在雅丹剖面上，地层呈现出粗细颗粒岩层，即沙质亚砂土与粉质黏土或沙质亚黏土与粉质亚黏土互层的现象。泥岩结构比较坚硬致密，抗外营力侵蚀风化能力强；而下伏的砂层则较松软，易受外营力侵蚀破坏。因此，在高度仅6 m的剖面上，长垄状雅丹地层呈现出软硬相间、抗外营力侵蚀能力不同的地层组合。

这种在较小的厚度范围内地层组成物质性质频繁交替的现象，对长垄状雅丹地貌的形成和发育具有重要的意义。通常长垄状雅丹表层为富含结晶盐体的泥岩，由于受盐体固结，岩层较坚硬，故抵抗外力风化侵蚀的能力较强。但是，柴达木盆地西北部处于极端干旱区，昼夜温差大，表层泥岩受频繁的热胀冷缩作用影响，在其表面产生了许多垂直和水平节理。外营力沿着这些节理侵蚀，使下伏沙层暴露出来。沙层较松软，能轻易被外营力侵蚀掉，而出露的下伏坚硬泥岩层则继续接受外营力侵蚀。在长期对软硬岩层的交替侵蚀下，使雅丹廊道逐渐加深展宽，同时造成雅丹地貌逐渐增高。此外，柴达木盆地的雅丹地层主体都是近乎平行的湖相地层，因此，形成的长垄状雅丹两翼多为较陡的斜坡，有时近垂直。而在两翼的斜坡上，由于软硬岩层的抗侵蚀能力不同，抵抗外力侵蚀能力较强的泥岩层凸出，而较易受外力侵蚀的沙层则凹进，因而长垄状雅丹两翼的斜坡多发育成锯齿状形态（见图5.15）。

图 5.15 差异侵蚀导致雅丹两翼斜坡呈锯齿状

5.5.2 长垄状雅丹沉积物风化特征及物质输移路径

1. 沉积物风化特征

风化作用是岩石或矿物在离开原赋存环境后，为了适应新的赋存环境，在太阳辐射、大气、水和生物等因素的参与下，理化性质发生改变，颗粒粒径变细、矿物成分发生改变，甚至形成新的矿物的过程。风化过程的进行，使地表组成物质发生了一系列的变化，形成了组成物质细化且相对松软的地表，从而为后期的外营力侵蚀创造了条件，对地貌的形成和发展起到了重要的促进作用。

在分析的 15 件沉积物地球化学元素组成样品中，仅有 6 件样品的 CIA 值稍高于 UCC 沉积物，其余样品均位于 UCC 与 PAAS 连线的反向延长线上。UCC 组成物质代表平均上陆壳组成，也指示地表物质的平均风化程度。因此，通过对地球化学元素的分析表明，柴达木盆地长垄状雅丹地层沉积物的化学风化程度均比较低，整体处于化学风化的初期阶段，即早期的脱 Na、Ca 阶段。同时，表层至 220 cm 层位样品的 CIA 值在整个剖面中是最低的，最大值仅 23.07，最低值为17.97。这主要是由于这些层位的Na_2O含量在5.51%至16.29%之间，平均含量为12.11%，远高于其他层位。在整个剖面中，Na_2O通过毛管水作用发生向地层上部的迁移过程，导致在这些层位的富集，并最终导致这些层位的CIA值较低。

矿物分析结果表明，与沙漠地区的沙物质以石英为优势矿物不同，长垄状雅丹地层沉积物矿物组成以长石为优势矿物，其在雅丹沉积物中的平均含量为22.93%，稍高于石英的17.78%。其石英与长石比例均小于1，平均值仅为0.75，介于0.64至0.87之间。而石英与长石的比例在戈壁沉积物中的平均值为2.04，在雅丹廊道流沙沉积物中的平均值为1.61，在线形沙丘沉积物中的平均值为1.82。因此，以石英与长石比例指示的雅丹地层沉积物风化程度也较低。此外，长垄状雅丹沉积物的重矿物稳定系数在四种沉积物中是最低的，该指标也指示其风化程度较低。因此，对比柴达木盆地内的四种沉积物可以发现，雅丹地层沉积物的风化程度是最低的，且与雅丹廊道流沙和线形沙丘沉积物相差不大，而戈壁表层沉积物的风化程度远大于上述三种沉积物。

通常来说，岩石遭受风化程度越强烈，则其表面相对疏松，并伴有节理的发育。根据对地球化学元素和矿物组成数据的分析，长垄状雅丹地层沉积物的风化程度在柴达木盆地内四种沉积物中是最低的。在野外考察与样品采集中，发现新出露的雅丹地层剖面，岩层较坚硬且未见明显的节理发育，需要借助地质锤的敲击，才能完成样品收集工作。这是由于雅丹地层虽然是呈现泥岩与砂岩的互层，但是从地层厚度上看，却是以泥岩为主的。而泥岩的结构相对致密坚硬，外营力难以对其破坏。因此，在柴达木盆地西北部，以泥岩结构为主体组成的湖相地层基础上发育形成的雅丹地貌，其侵蚀速率通常比较缓慢，基于力学模型的计算结果为0.011～0.398 mm/a（Wang et al.，2011），远低于罗布泊雅丹的2.4～4.7 mm/a（夏训诚，1987）。

2. 物质输移路径

粒度分析结果表明，雅丹体内赋存有丰富的细颗粒物质，其中黏粒组分占 19.98%，粉沙组分占 44.03%，沙粒组分占 35.99%。其中，粉沙组分主要是通过悬移方式搬运的，是构成黄土的主要粒级；沙粒组分主要是通过跃移方式搬运的，是构成沙丘的主要物质成分。柴达木盆地的长垄状雅丹地貌是在原来的湖相地层基础上，经由一系列外营力作用塑造成的由相互平行的垄脊和沟槽共同组成的正负地貌组合。因此，沟槽在被侵蚀之前应具有与垄脊相一致的物质组成。而雅丹廊道被侵蚀的大量物质最终被搬运去了哪里？位于柴达木盆地西北部雅丹地貌区下风向的黄土和风成沙的物质来源问题，一直是学界争论的焦点。多位学者研究认为，柴达木盆地西北部的雅丹地貌区是我国黄土高原的重要物源区（Kapp et al.，2011；Pullen et al.，2011；Wang et al.，2014）。由于柴达木盆地是一个四周被高山环绕的封闭盆地，四周全部为内流河，因此河流作用并不能将侵蚀物质搬运出去，只有通过风力作用才能将侵蚀产生的碎屑物质搬运出盆地。那么，风成物质在柴达木盆地内部具有怎样的输移路径，是需要探讨的问题。前期对察尔汗盐湖北岸线形沙丘沙物质来源的研究表明，位于其上风向的戈壁表层沉积物和雅丹廊道流沙均是其重要的物质供应来源区（李继彦 等，2018；Liang et al.，2019），且戈壁表层沉积物贡献的物质稍多于雅丹廊道沉积物。因此，我们可以初步建立戈壁表层物质、雅丹廊道流沙与下风向沙丘之间的物质输移关系，但是它们与雅丹地层沉积物之间的关系却不清楚。

粒度分析结果表明，长垄状雅丹内部沙层与廊道流沙具有相一致的粒级级配和频率曲线分布模式（见图 5.3、图 5.5），两者在常量元素组成和矿物组成上也具有一定的相似性。从特征元素比值散点图看，可明显区别出雅丹地层沉积物与其他三种沉积物分布模式上的差异（见图 5.16）。长垄状雅丹指示的湖相沉积环境，而其余三种沉积物皆指示风成环境。但是，长垄状雅丹地层沉积物与廊道流沙具有一定的重合。且 CIA 值、石英与长石比例以及重矿物稳定系数等均指示雅丹地层沉积物与廊道流沙、线形沙丘沉积物等风化程度均很低，远低于戈壁表层沉积物的风化程度。由此，可以推断雅丹廊道流沙应该系雅丹体内赋存沙物质被外营力侵蚀出露后，堆积于雅丹廊道内。而雅丹廊道作为风力及其携带物质的输移通道，其表面特征可作为廊道发育状态的明显标志。如果廊道内不存在侵蚀残余的粗颗粒物质，则说明该雅丹廊道整体处于快速的下切侵蚀阶段；如果雅丹廊道内布满流沙，流沙物质的存在可以阻止风力进一步的下切侵蚀，转而以侧向侵蚀为主，则雅丹体会处于逐渐缩小的阶段。堆积于廊道内的沙物质在风力作用下向下风向输移，在遇到雅丹等障碍物阻挡时，会形成回涡沙丘；而携沙气流在具有黏结性物质的地表上，例如在盐湖周边的干盐滩上，则堆积形成线形沙丘(Rubin et al.，2009)。

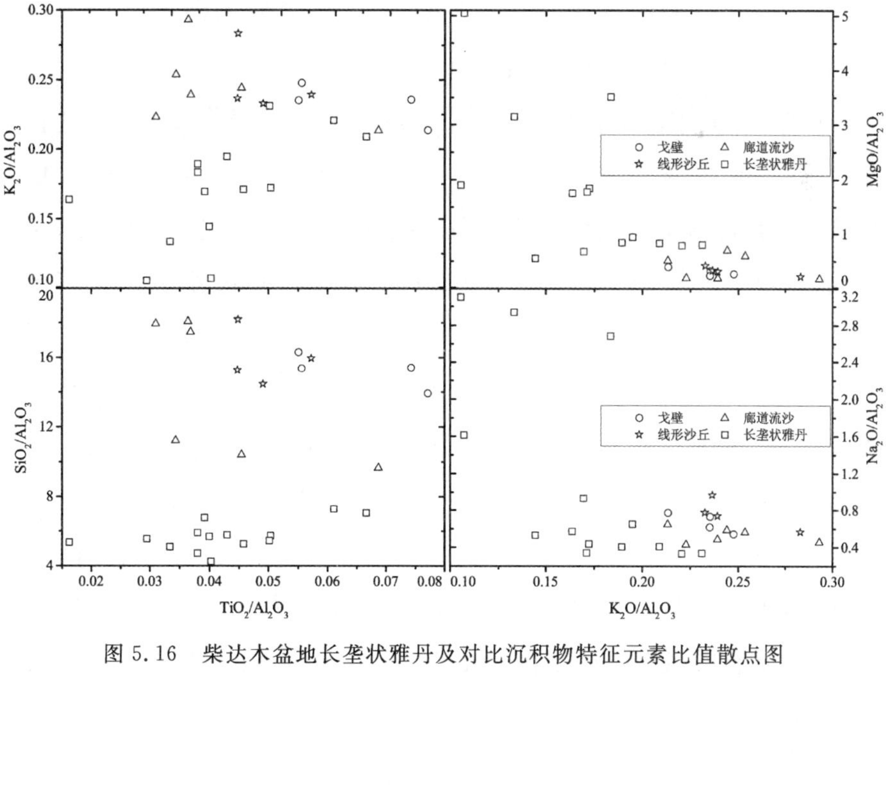

图 5.16　柴达木盆地长垄状雅丹及对比沉积物特征元素比值散点图

因此，我们可以建立雅丹体内赋存沙物质与廊道流沙以及下风向沙丘之间的物质输移关系。此处仅指位于雅丹地貌区下风向，分布于盐湖周边干盐滩上的沙丘。而分布于其他地貌单元，例如山前冲洪积扇的沙丘，则具有不同的沙源供应。雅丹与戈壁分属于两种不同的地貌类型，两者之间不存在物质供应关系。由此，我们可以明确柴达木盆地雅丹体内赋存的沙物质可作为下风向沙丘的沙物质供应区，但是其粉尘颗粒是否为下风向黄土的物质供应区域，还需要进一步实验数据支撑。

5.6 结 论

借助道路施工开挖的工程剖面，本章对柴达木盆地长垄状雅丹内部沉积层理及沉积物特征进行了研究，并对物质组成特征对长垄状雅丹发育的影响和沉积物风化特征以及在盆地的搬运等内容进行了讨论，获得的初步结论如下：

(1)雅丹体内富含细颗粒物质。其中，粉沙粒级含量最高，比例为44.03%；沙粒级含量次之，占比 35.99%；黏粒组分含量最少，仅为19.98%。雅丹体呈现典型双峰分布的粒度曲线，主峰位于 200～400 μm，代表细沙或中沙粒级；次峰位于 40～60 μm，代表粉沙粒级。其余样品的频率分布曲线或为单峰或为不明显的双峰，次峰位于 5～20 μm 或 40～60 μm，指示粉沙粒级；主峰位于 200～400 μm，指示细沙或中沙粒级。长垄状雅丹地层剖面自底部到顶部，沉积物平均粒径呈现出明显的粗细相间分布模式，即表现为沙质亚砂土与粉质黏土或沙质亚黏土与粉质亚黏土的互层现象。这种粗细相间或软硬相间的岩性分布模式导致其抗侵蚀能力不同，抗侵蚀能力较强的泥岩层凸出，抗侵蚀能力弱的沙层凹进，因而长垄状雅丹两翼的斜坡多发育成锯齿状形态。

(2)长垄状雅丹地层沉积物的常量化合物组成中,以 SiO_2 含量最高,平均占比 35.75%,CaO 和 Al_2O_3 的平均含量分居二、三位,分别为 11.62%和 10.52%;微量元素以 Cl 元素含量最高,平均为 37661.8 μg/g。相较于上陆壳平均化学元素组成,长垄状雅丹沉积物中 CaO 和 MgO 富集程度较高;Na_2O 在剖面上部富集程度较高,而在下部则出现亏损现象;TiO_2 和 MnO 在局部轻微富集,而在其余部位则出现不同程度的亏损;其余化合物均表现为不同程度的亏损状态。微量元素中,Cl 和 As 元素的富集程度较高。长垄状雅丹沉积物的 CIA 值平均为 39.03,且在 A-CN-K 三角图上呈准平行于 A-CN 连线,主体在斜长石与钾长石连线的下方,位于风化趋势线的反向延长线上,因此雅丹地层沉积物的化学风化程度较弱,整体处于风化的初期阶段,即微弱的脱 Na、Ca 阶段。

(3)长垄状雅丹沉积物的轻矿物组成以长石和石英为主,其中长石的平均含量为 22.93%,石英平均含量为 17.78%,与风成沙中以石英含量最高有所差别。其他轻矿物,如石膏、氟硅铝钙石、方解石等含量也较高,但它们的稳定性稍差,尤其易溶于水,在流水作用下易被带走。重矿物的平均含量为 18.36%,按照重矿物稳定性划分,长垄状雅丹沉积物以不稳定和较稳定重矿物组合为主,平均含量占重矿物总含量的 97.41%。石英与长石比例、重矿物稳定系数等均指示长垄状雅丹沉积物的矿物稳定性较差,风化程度较低。

(4)根据长垄状雅丹、廊道流沙、线形沙丘以及戈壁表层沉积物的粒度频率分布曲线、粒级级配、特征元素的比值以及四种沉积物的化学蚀变、重矿物稳定系数等的变化,可以得出长垄状雅丹体内赋存的沙粒级物质是雅丹廊道流沙的物源区。长垄状雅丹受外营力侵蚀破坏,内部沙物质出露,在风力不能将沙物质搬运出去的情况下,就地在廊道内堆积。而被搬运出去的沙物质在遇到雅丹等障碍物时,发育回涡沙丘；而在干盐滩等具黏结性物质的地表，则发育线形沙丘。对于雅丹体内赋存的粉沙粒级是否为下风向黄土的物质供应区，还需要进一步验证。

第6章

长垄状雅丹演化模式

早在 Hedin(1903)将雅丹(yardang)这一术语正式引入学术界之前,我国北魏时期杰出的地理学家郦道元就在其《水经注》中提出龙城雅丹是风力和流水共同作用下形成的。其后,众多探险家、地理学家、地质学家经过对全球不同区域不同类型雅丹地貌的研究,提出了多个雅丹地貌的发育演化模式。本章在对前人所提出的雅丹发育演化模式进行简单评述的基础上,初步提出柴达木盆地长垄状雅丹的演化模式。

6.1 雅丹地貌发育演化模型

6.1.1 Blackwelder(1934)模型

该模型是基于野外观察,根据雅丹地貌呈现的外部形态和表面结构而提出的,强调雅丹地貌的发育本质上是雅丹体之间的廊道(即沟槽)的形成过程,在该过程中风力侵蚀,尤其是磨蚀起到重要作用。雅丹廊道在横剖面上呈底部下凹、边缘陡峭的 U 形,在一定程度上同冰川谷相类似。在早期的干河床或干湖盆表面,由于地表物质组成或结构的不均一性,均可以导致凹槽的发育。例如,通过降水或地表暂时性流水,可在地表发育一些纹沟。而后期的外营力,尤其是风力作用,可以沿着这些纹沟继续侵蚀扩大,逐渐发育为细沟。而当气流进入细沟后,位于细沟下部的气流受到一定程度的挤压,因此,这部分气流流线密集,流速增加。气流卷挟沙物质形成风沙流,对细沟的底部和边缘进行磨蚀。该过程导致细沟加深展宽,逐渐发育为宽广的雅丹廊道,同时该磨蚀过程还可造成廊道的边缘近乎直立。

6.1.2 Ward 等(1984)模型

同 Blackwelder(1934)模型不同,Ward 等(1984)模型在野外观察的基础上,又借鉴了流体力学的基本原理和室内风洞实验模拟结果,因此该模型不仅可以验证雅丹发育的过程，而且明确了雅丹地貌发育过程中雅丹体不同部位的演变情况。该模型认为在古湖泊干涸之后，局地地表径流可发育小的河道。其后，风力作用（包括吹蚀和磨蚀）沿着与河道平行的方向侵蚀，使河道展宽加深。磨蚀作用在雅丹迎风坡最前端以及垄脊的突出部位最强烈，在下风向反向气流作用区域也可起到一定的作用，该过程导致雅丹体逐渐发育流线形态。随着雅丹体流线形态的形成，反向气流强度降低，气流对颗粒的吹蚀作用越来越重要。磨蚀作用在靠近雅丹体的前端仍然起到一定的作用，而随着反向气流强度降低，吹蚀作用仅在压力较低区域（尤其在中部）对维持流线形态起到一定的作用。因此，在雅丹地貌发育过程中，磨蚀作用在雅丹体初期流线形态的发育过程中起到最重要的作用，而在该形态的保持过程中，吹蚀和磨蚀均起到一定的作用。

6.1.3　夏训诚(1987)模型

基于地貌侵蚀循环学说，夏训诚(1987)在对中国罗布泊地区雅丹地貌野外考察和航测像片分析的基础上，认为雅丹地貌的发育可划分为四个阶段，具体如下。

(1)表面风化破坏阶段：干湖盆表面受剧烈的日温差、年温差影响，地表物质受热胀冷缩作用强烈，使表层岩石发育多组水平和垂直节理，再加上风沙活动频繁，形成松散碎屑物质就地堆积。

(2)雏形雅丹形成阶段：表层松散碎屑物质在风力和流水作用下被带走，原来的地表起伏不平，形成高差不到 1 m 的雏形雅丹。

(3)雅丹地貌形成阶段：在外营力的持续作用下，随着地表起伏的加大和节理的扩大，上覆泥岩层被侵蚀掉后，下伏沙层出露，外营力的侵蚀搬运速度加快，使低洼部分不断加深和扩大，形成相对高差数米至数十米的土丘和沟谷相间的地貌组合。

(4)雅丹地貌消失阶段：在雅丹地貌发育形成后，外营力作用仍在持续进行，这样使垄脊不断缩小，而廊道面积逐渐扩大，形成低矮的孤立土丘，并逐渐消失，发育为准平原。

6.1.4　Halimov 等(1989)模型

该模型是通过对柴达木盆地雅丹地貌的研究而提出的。Halimov 等(1989)认为，冲(洪)积扇的扇面或者古湖盆平面，通常可以呈现出以下三种雅丹地貌演化模式。

(1)在平面整体抬升的情况时，可发育为方山状雅丹，后期受到不同的外营力组合模式作用，可发育为长垄状或金字塔状雅丹，或由平顶塔状雅丹演化为金字塔状雅丹，而长垄状雅丹经过长期的演化则可发育为低矮流线鲸背状雅丹。

(2)在平面由于构造运动而发生褶皱时，可发育为犬牙状雅丹，进一步可演化为呈串珠状分布的圆锥状雅丹。

(3)在平面不受内营力作用的情况下，可发育为猪背状雅丹，并进一步演化为鲸背状和低矮流线鲸背状雅丹。(1)和(3)条件下的低矮流线鲸背状雅丹，进一步受到外营力侵蚀可发育形成准平原，在受到内营力作用后，又开始新一轮的地貌循环(见图 6.1)。

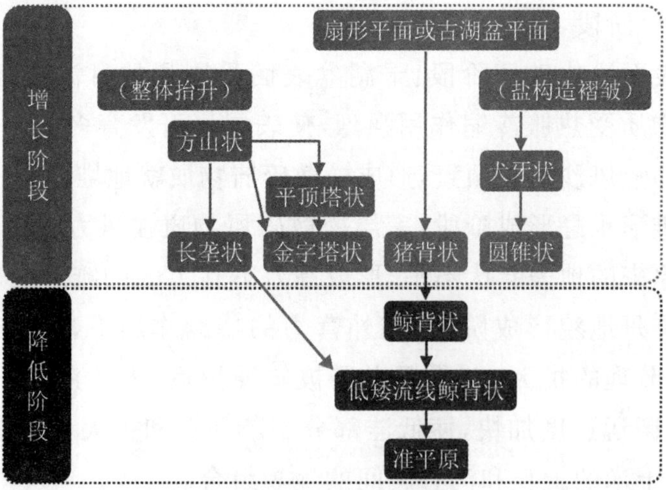

图 6.1　Halimov 等(1989)的柴达木盆地雅丹地貌理论演化模型

6.1.5　胡东生(1990)模型

在对察尔汗盐湖地貌进行调查研究时，胡东生(1990)将该区域地貌划分为十种类型，并将雅丹地貌的演化模式划分为幼年期、壮年期、老年期三个阶段。需要指出的是，胡东生划分的依据是察尔汗盐湖周边雅丹地貌呈现的外部形态及其物质组成特征，对各阶段的外营力的作用特点及演化模式均没有提及，这可能与作者所研究区域范围较小，所观测到的雅丹类型和表面微形态变化相对单一有关。

6.1.6　Brookes(2001)模型

该模型是 Brookes(2001)在研究位于埃及的利比亚沙漠中发育于石灰岩基础上的风蚀线状构造(aeolian erosional lineation)时提出的，是对 Embabi(1999)基于埃及西部大沙漠发育于全新世湖相沉积物基础上的雅丹演化模型的实际应用。按照概念划分，该风蚀线状构造也是雅丹地貌的一种。作者将该种雅丹地貌的演化过程划分为四个阶段，具体如下。

(1)幼年期：风蚀线状构造被一系列相互平行的长度介于 1～5 km，宽度介于 20～50 m，间距介于 100～350 m 的凹槽所分隔开来。风蚀线状构造向上风向尖灭且扁平，类似于餐刀状[见图 6.2(a)]。

(2)成熟期：较长的风蚀线状构造被横向凹槽强烈切割，形成较多长度较短且具一定流线形态的雅丹[见图 6.2(b)]。

(3)老年期：或长或短的风蚀线状构造的痕迹已经找不到，均已发展为个体规模较小且具流线形态的雅丹地貌[见图 6.2(c)]。

(4)终结期：除个别形态个体较小的雅丹外，其余部分均发生均夷作用，形成类似准平原地貌形态[见图 6.2(d)]。

在该模型中，作者仅强调了不同演化阶段的长垄状雅丹呈现的形态特征，并没有对其动力学进行科学的解释。且作者定义的幼年

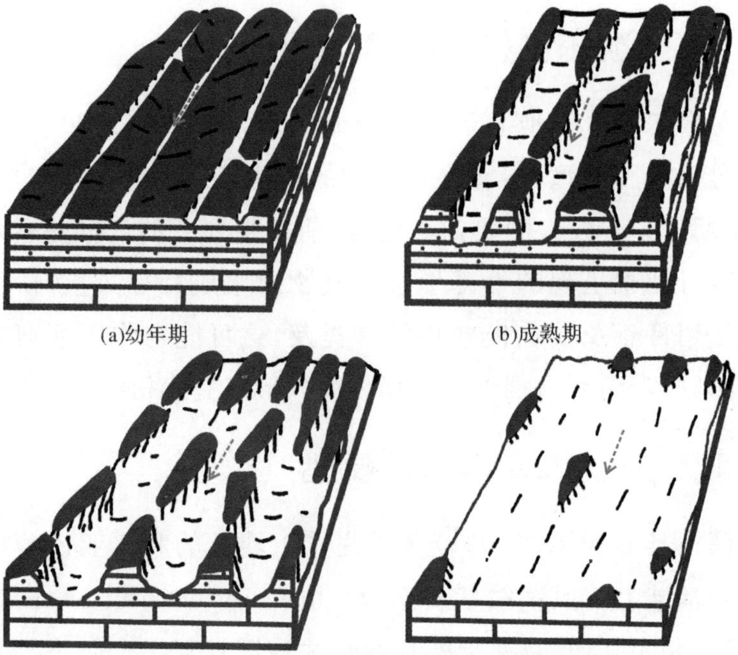

(a)幼年期 (b)成熟期 (c)老年期 (d)终结期

图 6.2　风蚀线状构造演化模式(据 Embabi(1999)改绘)

期同前面的模型不同,不是从最初期的准平原开始的,而是从风蚀线状构造,即目前所处的发育阶段中相对较年轻的时期开始的。这就导致在所划分阶段中不包括青年期,且老年期与终结期有重合。

6.1.7　Dong 等(2012)模型

该模型是 Dong 等(2012)在对库姆塔格沙漠雅丹地貌进行多次详细的野外考察的基础上提出的。该模型同样根据地貌侵蚀循环学说,将雅丹地貌演化划分为四个阶段,具体如下。

(1)幼年期:库姆塔格沙漠雅丹由呈互层分布的泥岩和风成沙层组成,顶部平坦且抗风蚀能力强。考虑到雅丹是由湖相和风成沉积物组成的,因此,在雅丹开始发育之前的平面应该是平坦的。受物理风化作用的影响,在干湖盆表面产生许多纵横交错的节理。其后,流水和风力作用于这些节理，产生许多密集分布的幼年期雅丹。该阶段雅丹发育的特点表现为流水作用较为重要，且由于地表起伏较小，狭管效应不明显，气流分散，故并不能发育风蚀作用较显著的部位。

(2)青年期：随着风力和流水的持续侵蚀，雅丹廊道逐渐展宽加深，雅丹迎风端和其他不规则突出部位逐渐圆化。因此，廊道展宽，垄脊变窄，小型雅丹逐渐消失。上覆于大型雅丹上的小型雅丹在风力侵蚀作用下消失，同时产生由湖相沉积物构成的顶部，由于其抗侵蚀能力强，故可对其下伏的风成沉积物起到保护作用。该阶段雅丹的高度由几米到二十余米，且被廊道分隔开来。该阶段雅丹的发育，风力作用越来越重要，雅丹廊道发生快速的加深和展宽。

(3)成熟期：当下切达到区域侵蚀基准面时，雅丹廊道不再进一步加深，而侧向侵蚀可持续进行。因此，雅丹垄脊进一步变窄，平坦顶部的面积逐渐缩小，垄脊趋于圆化或变得锋利。雅丹体上的突出部位受风力侵蚀进一步圆化，雅丹趋近于理想形态，走向近似与区域盛行风向平行。该阶段雅丹发育的突出特点表现为，受沉积物属性的影响，雅丹顶部趋于或圆化，或锋利。

(4)衰退期：随着外营力侵蚀的持续进行，廊道进一步展宽，雅丹两侧边缘逐渐后退而缩小。长垄状雅丹可受外力切割形成多个孤立的土丘。雅丹的顶部进一步变窄，高度进一步降低。在衰退期，雅丹持续按照这种模式演化，直至最终消失。

6.1.8 Wang等(2018)模型

Wang等(2018)将柴达木盆地雅丹划分为四个大类，即长垄状、方山状、犬牙状和鲸背状雅丹，并在Halimov等(1989)、Embabi(1999)、Brookes(2001)和Dong等(2012)模型的基础上，结合自己的工作，将柴达木盆地演化模式划分为四个阶段，具体如下。

(1)幼年期：在幼年期，构造破碎带、洼地、地表径流沟道等局部地形低洼地带可作为风力作用的通道。在该通道内，流线受压缩，速度增大，导致通道加深增宽，且沿着主导风向增长。该阶段外营力对廊道的侵蚀速率大于对雅丹体的侵蚀速率，因此大部分的侵蚀现象出现于廊道内，雅丹高度持续增长。

(2)青年期：在青年期，雅丹高度持续增加。同时，由于流水作用和块体运动在雅丹周围形成沟谷，为外营力进一步的侵蚀提供了通道。随着外营力的进一步侵蚀，雅丹高度开始降低，雅丹廊道间距持续增大。随着背风坡上部的侵蚀加剧，长垄状雅丹逐渐被切割为多个连续分布的猪背状雅丹。该种雅丹形态的流线形较差，且顶部较破碎。

(3)成熟期：成熟期的雅丹多具有流线外形和较大的间距。由于下伏抗侵蚀层的出现，该阶段的雅丹廊道底部较平坦且间距较大，相互孤立的雅丹开始出现。随着对背风坡上部和棱角的持续侵蚀，猪背状雅丹长度减小，高度降低，流线程度逐渐增加，并发育为典型的鲸背状雅丹。统计数据显示，该阶段雅丹的形态比例系数多介于1∶5到1∶2之间，平均为1∶3。

(4)衰退期：在雅丹发育的衰退期，鲸背状雅丹规模继续减小，形成低矮流线鲸背状雅丹。它们在形态上与猪背状、鲸背状雅丹相似，但是在个体规模上却较小。随着风力侵蚀的继续，雅丹高度继续降低，间距持续增加，最终形成一个新的侵蚀平原，并为下一期的地貌景观演化准备了条件。

6.2 柴达木盆地长垄状雅丹演化模式

柴达木盆地拥有我国面积最大、海拔最高的雅丹地貌分布区，再加上不同区域构造因素和外营力的差异，导致雅丹地貌类型多样。Halimov 等(1989)、胡东生(1990)和 Wang 等(2018)均是以柴达木盆地为研究对象提出了雅丹地貌演化模式。其中，Halimov 等(1989)研究的雅丹位于冷湖与鱼卡之间公路沿线，胡东生(1990)研究的雅丹位于察尔汗盐湖周围，而 Wang 等(2018)则是以整个盆地雅丹为研究对象。Halimov 等(1989)提出的模型认为山前冲(洪)积平原或古湖盆面在整体抬升的情况下，会发育形成方山状雅丹，而方山状雅丹进一步演化可形成长垄状雅丹。Wang 等(2018)则认为长垄状雅丹与方山状雅丹在演化阶段上并没有承续性，而是呈现出两种演化序列，只是它们分布的位置不同。长垄状雅丹主要位于干湖盆的边缘，由近水平的湖相地层组成，而方山状雅丹主要位于山麓地区，主要由冲洪积物组成。长垄状雅丹和方山状雅丹可进一步演化为鲸背状、低矮流线鲸背状雅丹，犬牙状、金字塔状和圆锥状雅丹的形成主要受地质构造的控制，两个模型是一致的。因此，长垄状雅丹究竟呈现出什么样的演化模式，就成为制约构建柴达木盆地雅丹地貌完整而准确演化序列的关键因素。

基于地貌侵蚀循环经典理论，结合多次的野外考察和对雅丹的形态、风况、沉积层理及沉积物特征的分析，本研究认为柴达木盆地长垄状雅丹按照其不同阶段的形态特征及外营力作用组合模式，其发育演化经历了幼年期、青年期、壮年期和老年期四个阶段，具体如下。

(1)幼年期：自中新世中期至晚期以来，随着印度板块与欧亚板块持续碰撞，柴达木盆地受到强烈挤压，沿着 NE-SW 方向不断缩小(Tapponnier et al.,2001;Zhang et al.,2004)。受该构造活动影响，在柴达木盆地西北部湖相沉积物上发育多条呈 NW-SE 和 NNW-SSE 走向的短轴背斜构造(Wang et al.,2012;Zhang et al.,2013)。这些短轴背斜构造将柴达木盆地西北部分割为多个次级盆地，且可积水成湖(Wang et al.,2006)。随着柴达木盆地四周高山的隆起，逐渐形成封闭地形，降水减少，气候干燥，且东亚季风系统也已形成。湖泊干涸后，湖泊边缘的湖相地层出露，由于这些地层距离短轴背斜构造中心较远，地层产状基本不受影响，呈近水平层理分布。由于柴达木盆地西北部年温差和日温差均较大，干湖盆表面受到剧烈的热胀冷缩作用而形成众多的水平和垂直分布的节理。东亚冬季风翻越阿尔金山后形成强烈焚风，沿着这些节理对干湖盆表面进行侵蚀，使原来较小的节理逐渐加深增宽，并沿着主导风向伸长，形成幼年期的雅丹地貌[见图 6.3(a)]。该阶段雅丹长垄状形态连续性最好，雅丹之间的凹槽横剖面形态为宽浅的“V”形[见图 6.4(a)]。另外，该阶段除风力作用外，阵发性洪流对于山前长垄状雅丹的发育也有一定的促进作用。

(a)幼年期　(b)青年期

(c)壮年期　(d)老年期

图 6.3　柴达木盆地长垄状雅丹演化模式

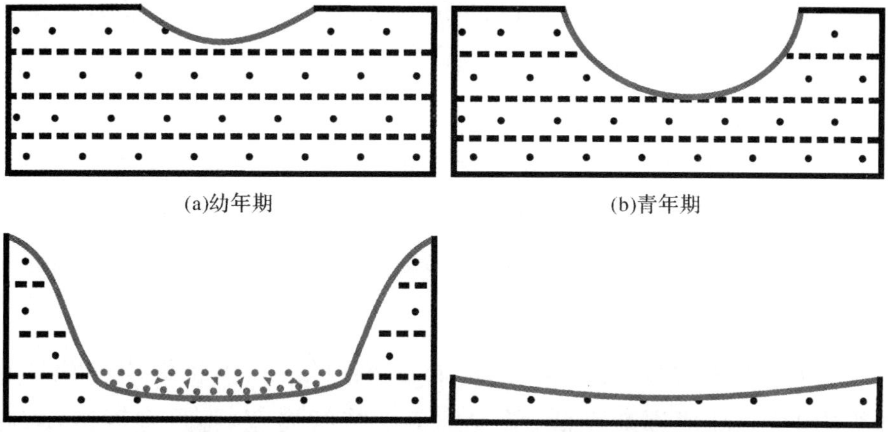

(a)幼年期 (b)青年期 (c)壮年期 (d)老年期

图 6.4 柴达木盆地长垄状雅丹不同演化阶段横断面特征

(2)青年期：气流进入雅丹凹槽之后，流线受压缩，流速增加，因此凹槽下部的侵蚀速度大于上部，发生快速的下切侵蚀和侧向侵蚀过程。该过程使凹槽的深度增加，相应地使雅丹的高度增长。同时，雅丹体上也存在风化作用和块体运动等过程，这两种作用使雅丹体的高度减小。在该阶段，凹槽的下切侵蚀速度远大于雅丹的降低速度，因此，该阶段雅丹发育以迅速的增长为主要特点。由于长垄状雅丹在物质组成上以软硬岩层相间分布为主，因此雅丹的两翼多形成较陡的斜坡，有时呈近垂直状，且软硬岩层抗侵蚀能力的不同，有时雅丹两翼的斜坡又发育成锯齿状形态。同时，由于横向节理的发育，背风侧气流沿着横向节理对雅丹上部侵蚀加剧，使长垄状雅丹自上部开始分裂为多条连续分布的猪背状雅丹[见图 6.3(b)]。猪背状雅丹头部由于受剧烈的风力侵蚀而逐渐圆钝，但是其整体流线程度发育较差，雅丹凹槽发展为宽“U”形[见图 6.4(b)]。该时期雅丹之间的凹槽宽度明显增加，可称之为廊道。由于该阶段廊道内外营力的侵蚀搬运能力较强，因此，通常在该阶段的廊道表面不存在碎屑物质。

(3)壮年期:随着外营力侵蚀的持续进行,当廊道内布满风成沙或砾石时,则达到区域侵蚀基准面,不能够进一步下切。在该阶段,雅丹的高度达到最大值,进入壮年期。猪背状雅丹受背风侧气流吹蚀,高度降低,长度减小,具有一定的流线形特征,形成典型的鲸背状雅丹[见图 6.3(c)]。该阶段的雅丹廊道呈宽而深的"U"形[见图 6.4(c)],且廊道内通常分布有风成沙或砾石,在风力作用下形成沙波纹或回涡沙丘。

(4)老年期:雅丹进入老年期后,在风力侵蚀、风化作用和块体运动等影响下,高度逐渐降低;随着廊道的持续展宽,雅丹宽度减小;在背风侧气流作用下,雅丹的长度也减小。此时的雅丹整体均在风沙流作用范围内,有些低矮孤立分布的雅丹逐渐消失,而流线程度发育较高的雅丹则可发育为低矮流线鲸背状雅丹,存留较长时间[见图 6.3(d)]。低矮流线鲸背状雅丹虽具有一定的抗外力侵蚀能力,但在持续的风力作用下,其高度不断降低,孤立分布的雅丹逐渐消失,地面发育为准平原状态[见图 6.4(d)]。

第7章

柴达木盆地地质遗迹资源调查与评价

7.1 柴达木盆地地质遗迹资源调查分类

目前，虽然地质遗迹的分类标准在国内外还未统一，但学者们给出的分类方案都几乎涵盖各种地质遗迹类型。结合柴达木盆地的实际情况，本书采用陈安泽按照资源的旅游价值所给出的分类方案，将柴达木盆地地质遗迹分为风景地貌、古生物和环境地质现象 3 大类，山石景类、水景类、古人类、古植物类、古生物遗迹或可疑古生物遗迹类、冰川类 6 类，以及风景湖泊、泉水、层状硅铝质岩景区（点）、沙积景区（点）、现代冰川、古人类遗址、古生物遗迹埋藏地、古植物化石埋藏地 8 个亚类。柴达木盆地地质遗迹的具体分类和空间分布详见表7.1和图 7.1。

表 7.1 柴达木盆地地质遗迹分类及分布位置

大类	类	亚类	典型地质遗迹及分布位置
古生物	古人类	古人类遗址	小柴旦旧石器遗址 1、吐谷浑吐蕃古墓群 2、热水古墓群 3、塔里他里哈遗址 4
	古植物类	古植物化石埋藏地	南八仙钙化木化石遗址 5、大柴旦硅化木遗址 6、托素湖东矽化木遗址 7
	古生物遗迹或可疑古生物遗迹类	古生物遗迹埋藏地	诺木洪贝壳梁古生物地层 8、江门沟海虾化石山 9
环境地质现象	冰川类	现代冰川	昆仑山石冰川 10、玉珠峰冰川 11、马兰冰川 12、各拉丹冬冰川 13、都兰科肖图冰川 14、岗纳楼冰川 15
风景地貌	山石景类	层状硅铝质岩景区（点）	俄博梁雅丹地貌群、乌素特水上雅丹地貌、南八仙雅丹地貌群、黄瓜梁雅丹地貌群、一里坪
		沙积景区（点）	乌兰金色沙漠地貌、柴达木沙漠
	水景类	风景湖泊	苏干湖、涩聂湖、达布逊湖、小柴旦湖、托素湖、可鲁克湖、南（北）霍布逊湖、阿拉克湖、茶卡盐湖、东（西）台吉乃尔湖、茫崖艾肯泉
		泉水	大柴旦温泉

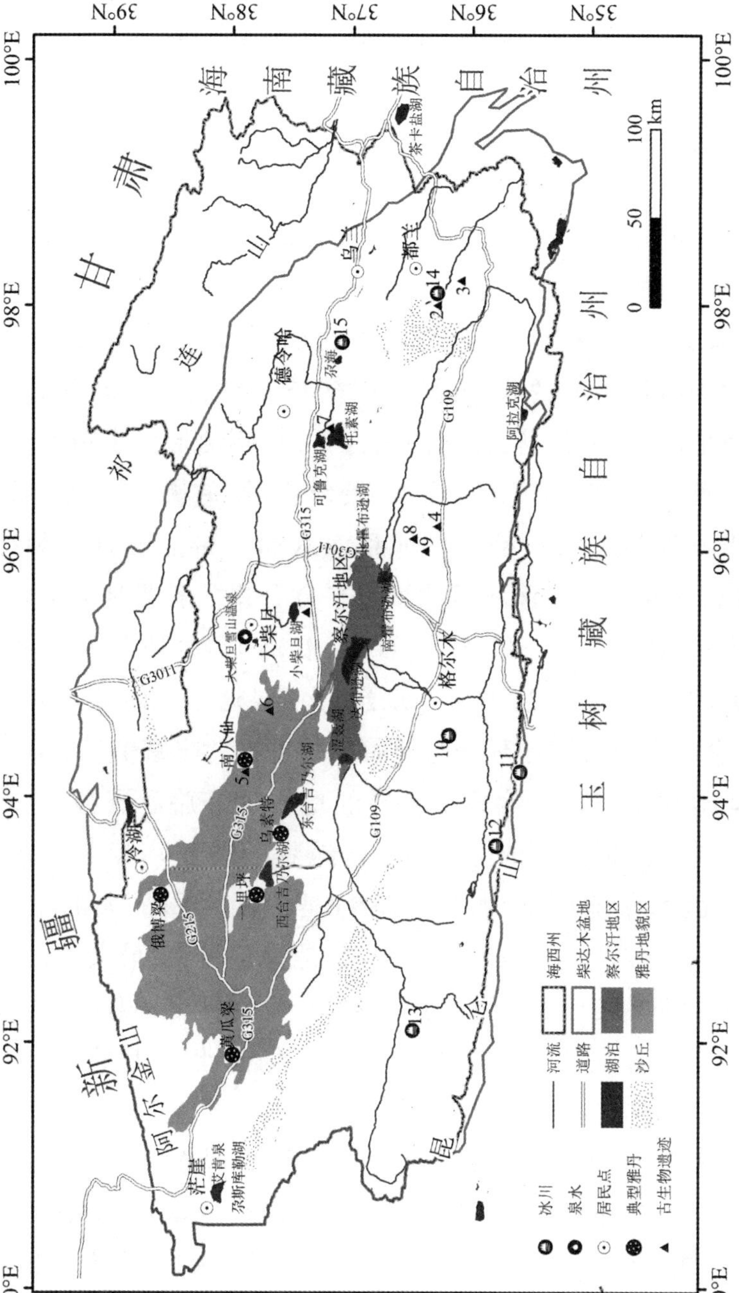

图 7.1　柴达木盆地地质遗迹分布图

7.2 柴达木盆地主要地质遗迹

7.2.1 雅丹地貌

雅丹指的是山峰、峭壁、陡坡或残丘岛群。在地理学领域中，雅丹也已被人们所熟知。柴达木盆地是中央亚细亚的极端干旱盆地之一，风力搬运及侵蚀是该地最为明显的地貌动力。柴达木盆地西部分布着中国面积最大的雅丹地貌，因褶皱的隆起与断裂而破碎裸露的第三系地层，加上强劲、长期的风力作用，吹蚀形成了造型多样、形态丰富的雅丹地貌，包括金字塔状、犬牙状、长垄状、鲸背状、锥状、方山状等雅丹地貌。特别是一里坪和南八仙一带的雅丹地貌最为典型，这些区域内分布着面积可达百余平方公里的雅丹地貌群，有的风蚀残丘近观远看或不一致，千姿百态、变幻莫测，被游人称为"迷魂阵""魔鬼城"。雅丹地貌不仅体现出奇、险、幽、古、魅的极高美学价值，还蕴含着干旱荒漠区环境与地貌演化进程的丰富信息。

雅丹地貌是柴达木盆地最重要的地质遗迹旅游资源，也是开发价值很高的旅游资源。俄博梁的雅丹地貌形成于 7500 万年前，位于青海省柴达木盆地西部的冷湖境内，是中国面积最大的雅丹地貌群——柴达木雅丹地貌群的一部分，也是世界最大、最典型的雅丹景观之一。俄博梁雅丹因地形特殊，经常会发出神秘的狂风，再加上此地的岩石中含有大量的铁元素，强大的磁场会让罗盘、指北针失去作用，让人迷失方向，所以这里被视为"魔鬼城"，也被称为"地球上最像火星的地方"。在俄博梁的雅丹地貌群连绵起伏的山脊上，汇集了槽垄形、龟背形、圆丘形、立柱形等多种形态的雅丹景观，构成了一座天然的雅丹"艺术馆"，该地区也入选了《中国国家地理》青海省的 100 个"最美观景拍摄点"榜单。

7.2.2　古生物遗迹

古生物遗迹是人类演化史上具有重要科学价值的古人类遗址、古植物和古生物埋藏地。诺木洪的塔里他里哈遗址出土的数千件文物中，有大量的生产生活用品，还有珍贵的文化艺术珍品、乐器等。都兰吐蕃墓葬群是我国唐代早期大型吐蕃墓葬群，出土文物丰富，是 2019 年全国十大重大考古发现之一，已纳入为全国重点文物保护单位。

南八仙钙化木地质遗迹区总长 6 km，宽 100～300 m，出露着年轮纹理及纤维清晰的钙化树干，总体上呈北西—南东的走向展布。南八仙钙化木化石是在晚第三纪地层形成的，国内比较罕见，具有较高的科研价值和观赏价值(范国安 等，2004)。这是第一次在晚第三纪地层中发现钙化木化石，它不仅说明了柴达木盆地在中生代以后伴随着地壳运动的演变过程，而且也反映了柴达木盆地及周边地区在新近纪上新世以前的古气候、古地理环境及其演变特征。

诺木洪乡努尔河附近有一道长 2 km，宽约 70 m，厚度超 20 m 的腹足类和瓣鳃类生物贝壳堆积层，这是目前我国内陆盆地发现的最大规模的古生物地层，现已被纳入青海省诺木洪省级自然保护区。兰州大学地质科学与矿产资源学院的闫德飞教授团队在柴达木盆地发现了渐新统中一批距今约 3000 万年新的裂腹鱼类化石并进行研究，且将其与现有的相关化石和化石类群的骨骼形态进行比较，将其鉴定为古裂腹鱼属的曙光古裂腹鱼这一新物种。这一发现也使现代原始等级裂腹鱼类可能在渐新世时期起源于青藏高原北部有据可依，所以，闫德飞教授团队将这一新物种命名为“曙光”，就是希望它们能为古裂腹鱼属甚至远古裂腹鱼类的早期进化过程提供新线索，并为弄清地质历史时期上青藏高原的生物多样性提供新依据。

7.2.3　冰川地貌

柴达木盆地的冰川分布非常不均衡，西北部的阿尔金山山区是盆地最为干旱的区域，没有分布冰川；盆地西部分布着一定数量的冰川，但规模都较小，平均面积为 0.82 km^2；东部的冰川少且小，如柴达木河和巴音郭勒河，冰川的平均面积不到 0.35 km^2，最东部如沙柳河、沙珠玉河等，则没有冰川分布；中部冰川不仅数量多且规模还比较大，如台吉乃尔河流域和苏干湖流域的哈尔腾河，冰川的平均面积分别可以达到 1.61 km^2 和 1.29 km^2。整个盆地的冰川平均面积(1.22 km^2)是祁连山河西内陆水系(0.61 km^2)和天山准噶尔盆地冰川(0.67 km^2)的同项值的两倍左右。其中，悬冰川、冰斗冰川条数占总条数的80%以上，而冰斗冰川、坡面冰川、山谷冰川和平顶冰川的面积占总面积的一半以上(杨惠安 等，1986)。

昆仑山区分布着柴达木盆地大部分的冰川，并且集中分布在昆仑山区中段的台吉乃尔河上游，不仅数量最多，而且发育规模也比较大，有 11 条面积超过 10 km^2的冰川。莫诺马哈冰川位于台吉乃尔河主流洪水河源区北部，全长 24.5 km，面积 99.27 km^2，是盆地中规模最大的冰川。莫诺马哈冰川属于宽尾山谷冰川，造型独特，在其他山区中也都是比较少见的，在其西侧还有 4 条与其形态相同但规模较小的冰川。形态属于不对称的冰帽状平原冰川的马兰山冰川是昆仑山区的第二大冰川。昆仑山国家地质公园里不仅有众多的古冰川遗迹和现代冰川，如被称为蠕动的河流——昆仑山石冰川，还有我国唯一的泥火山型冰丘地质遗迹的东昆仑山地震断裂带景观(杨惠安 等，1986)。

祁连山西南部山区是柴达木盆地的东北边界地带，在土尔根达坂集中分布了大量现代冰川，呈现出北坡规模大、南坡规模小的不平衡的羽状分布形式。属于典型的冰帽状平顶冰川的敦德冰川位于土尔根达坂的东端，面积57.07 km^2，有12条长度不等的冰舌沿着冰川边缘延伸出来，最大长度6.2 km，是祁连山面积较大的冰川之一（杨惠安 等，1986）。

阿尔金山位于柴达木和塔里木两大盆地之间，在柴达木盆地的西北部边缘。在接近祁连山和昆仑山的东西两端发育着为数不多的冰川（杨惠安 等，1986）。

7.2.4 湖泊、盐湖

祁连山系、昆仑山系在晚中生代到新生代时期的新构造运动使地表抬升强烈，而中部的断陷盆地发生了塌陷，再加上盆地内分布着大量的积雪和冰川，融水和河流在盆地的低洼部位汇聚便潴为湖泊，且河水把沿途溶解的各种盐类物质输送到盆地底部的湖泊中积累起来，从而为盐湖的形成创造了条件。盆地内湖泊和盐湖众多，盐湖海拔多在2675～3171 m，是世界上高海拔盐湖区之一。盆地内湖泊走向及排列方向与盆地的构造方向基本一致，东部的沉降地区形成了一系列东西相接的大型湖泊，如南（北）霍布逊湖、东（西）台吉乃尔湖和达布逊湖等；北部一系列的次级山间小盆地内则分布着面积大小不等的湖泊，如苏干湖、可鲁克湖、大小柴旦湖、托素湖等。

较为著名的察尔汗盐湖其实是一个盐层完全暴露在地表的大型干盐湖，其形成了浩瀚的盐滩，只有在盐滩附近有河水补给或潜水溢出的地方，还留存着一些面积较小的湖泊，如涩聂湖和南（北）霍布逊湖。不过，这些湖泊是察尔汗盐湖干涸之后在盐滩周围形成发育起来的新生湖泊，并不是察尔汗古湖缩小后遗留下来的残留湖。干盐滩将新沉积物和新盐沉积物完全覆盖住，在新、古两湖泊间形成了一个明显的波状溶蚀面。因为察尔汗盐湖的盐层非常坚硬，所以可以在湖面上建工厂、铺公路、修铁路，著名的青藏公路“万丈盐桥”就建在这个盐湖之上，故察尔汗盐湖又被称为“不沉的湖”。察尔汗盐湖除了有“万丈盐桥”“盐海玉波”这些著名景点外，还有粗犷的“大漠孤烟”、神秘的“海市蜃楼”、造型多样的“珍珠盐”“粉条盐”“珊瑚盐”“盐钟乳”等，都是令人神往的神奇独特的景观。

7.3　柴达木盆地地质遗迹资源定性描述

7.3.1　科学价值

美国地质学会将地质遗迹所在区域定义为适用于具有重大科学、教育、文化或美学价值的地质特征场所或区域，有着独特的科学教育价值。柴达木盆地内的古生物化石群、雅丹地貌群、盐湖等是重要的且具有代表性的地质科学综合研究素材，具有较高的科学考察、研究的价值。例如，柴达木盆地的贝壳化石地层，是研究内陆盆地数万年来的气候变迁，预测未来气候变化趋势的宝贵地质历史资料；盆地西北部广泛分布的雅丹地貌群，是强劲的风力对第三系湖相地层长期吹蚀而形成的；盆地内的盐湖可以证明柴达木曾是一片汪洋……柴达木盆地的地质遗迹都是在漫长的地质历史时期形成、演化并遗留下来的珍贵遗产，真实地记载了自泥盆纪到石炭纪、第三纪、第四纪的地球内外营力相互作用以及气候环境事件，为柴达木区域的地史演化研究、古地理环境分析、地层时代厘定等提供了重要科学依据，是地理学、地质学等学科进行科学考察的理想场所。

雅丹地貌作为柴达木盆地最重要的地质遗迹资源。其类型多样、分布范围广，具有极好的代表性，是研究雅丹的形成、发展和演化的最佳场所，对于探究雅丹地貌成因、保护雅丹地貌以及预测雅丹地貌发展趋势都有重大意义。从地貌学研究角度来看，雅丹地貌是中国原创的地貌类型，被认为是当今世界地学一大奇观。柴达木盆地的雅丹地貌蕴含着丰富的青藏高原隆升、东亚季风系统和亚洲内陆干旱气候形成等自然环境演变信息，是地球演化史中重要阶段的突出例证。柴达木盆地内主要为半固结的河湖相沉积物，水平层理、平行层理、波状层理、交错层理等均可见到，犹如一本打开的地质教科书，是进行专业实习的天然课堂。柴达木盆地内丰富奇特的雅丹体、各种沉积构造、沙丘等地质遗迹特征清晰、保存完好，是地球科学知识普及的良好实物资料，具有较高的科普价值。

7.3.2　美学价值

柴达木盆地素有“聚宝盆”的美称，这里广泛分布着冰川、雪山、崖壁、峡谷、雅丹、丹霞、高山草甸、湿地、内陆河流、咸水湖、淡水湖、沙漠、戈壁、草原等地貌景观，动植物资源也极其丰富多样。在盆地的西北部分布着中国最大的雅丹地貌群，那一排排断断续续延伸的长条形似蝌蚪一样的土墩和沟壑纵横交错的地形组合，就像是一座座古老的城堡绵延不绝，这些雅丹受组成物质、侵蚀作用等的影响，呈现出交错的颜色，让人感受到一种来自远古的苍茫和厚重。察尔汗盐湖除了有“万丈盐桥”“盐海玉波”这些著名景点外，还有粗犷的“大漠孤烟”、神秘的“海市蜃楼”、造型多样的“珍珠盐”“粉条盐”“珊瑚盐”“盐钟乳”等，都是令人神往的神奇独特的景观。在被称为中国“天空之境”的茶卡盐湖，不但能观赏到湖面下形状各异和正在生长的盐花、翻滚的盐涛，还能观赏到盐湖日出与夕阳的壮美。茫崖的艾肯泉，因为地处盆地最为干旱的地区之一，长期蒸发使得泉水里的矿物质在地面上沉积出一道深红环带状的边圈，从高空中看下去，泉眼和喷涌而出的泉水形成了一个像“大地瞳孔”的造型。

“雅丹地貌”堪称西北干旱区地貌中的“王族”。千姿百态的雅丹地貌，具有极高的观赏性，能够给旅游者提供一种审美体验，是其旅游吸引力的主要构成因素之一。雅丹地貌属于地质遗迹，其旅游观赏价值也就是其美学价值，是游客到风景区欣赏美景和获得不同愉悦度的主要动力心理因素。雅丹地貌的美学特征是空间三维与主体观察时间、视角、意念、感受甚至文化等多维度的组合。从旅游景观角度去鉴赏，雅丹地貌更具有一种景观组合美（董瑞杰 等，2013b）。

7.3.3 经济价值

柴达木盆地所在的海西州旅游区是青海四大旅游区之一，其中铁路通车，公路成网，州内四通八达，交通便利。盆地内自然环境独特，地质地貌景观奇特多样，地质、生态、人文景观集于一体。地区如何发展旅游产业来致富，实现全域地学旅游，怎样实施乡村振兴战略，探索致富“旅游地学＋”新模式，都是当下中国农村或者说经济欠发达地区所面对的现实问题（杜青松，2019）。柴达木盆地自然条件恶劣，农业发展情况较差，仅依靠资源发展工业，产业结构单一，经济发展落后。柴达木地区若能将丰富的地质遗迹景观与独特的高原盆地景观、多姿多彩的少数民族风情，以及珍稀的动植物资源相结合，开展休闲观光、度假娱乐、狩猎、科学考察、研学旅行等大众旅游项目，在保护地质遗迹的前提下，整合盆地里的其他资源，在乡村振兴工作中发展地质旅游产业，定能实现区域协调创新发展，促进柴达木地区的经济腾飞。

7.3.4 医疗康养价值

大柴旦雪山温泉处于大柴旦镇以北 8 km 处的柴达木山温泉沟，是西北地区水质和水量最优的地表温泉之一。在该地区，石炭系、前震旦系地层经历了多次的地质构造活动，形成了一条长达 60 km、宽 10 km 的断裂型挤压破碎带。通过这条断裂破碎带，地下水经岩浆导热进行循环而形成了地热资源。柴达木山顶常年白雪皑皑，而温泉沟则静静流淌了数万年。温泉沟里共有泉眼 100 余处，其中温泉 60 余个，几十年来在地底深处循环加热，一般温度在 80 ℃左右，每天的水量达到 2000 t，是柴达木地区的一处天然地热泉。泉水中含有丰富的对人体有益的矿物质和微量元素，加上泉水温度极高，大柴旦雪山温泉便成了一处对皮肤病和心血管疾病等都有着很好的疗养功效，还能促进血液循环、改善肠胃功能、调节神经系统的珍贵的医疗温泉。

7.4　柴达木盆地地质遗迹资源定量评价

本书采用德尔菲法（Delphi method）和层次分析法（analytic hierarchy process，AHP）对柴达木盆地地质遗迹资源进行定量评价。

7.4.1　建立评价指标体系

本书的地质遗迹评价结合《旅游资源分类、调查与评价》（GB/T 18972—2017）中的旅游资源评价标准，结合盆地内地质遗迹的特殊性以及考虑自然、社会环境等因素，按照资源价值和开发条件 2 个评价因子层和 8 个评价指标进行（见表 7.2）。资源价值评价因子包括自然完整性、典型性和稀有性、科学价值和美学价值 4 个评价指标，开发条件评价因子包括安全性、可进入性、可保护性和基础服务设施 4 个评价指标。该评价指标体系既将柴达木盆地地质遗迹资源本身的吸引力和价值作为评价因子，又考虑到了地质遗迹资源自身的可开发性，同时还结合了柴达木地区环境质量和目前的地质遗迹资源保护、开发状况。

表 7.2 地质遗迹评价指标体系

<table>
<tr><th>评价目标</th><th>评价因子</th><th>评价指标</th></tr>
<tr><td rowspan="8">柴达木盆地地质遗迹资源评价 A</td><td rowspan="4">资源价值 B1</td><td>自然完整性 C1</td></tr>
<tr><td>典型性和稀有性 C2</td></tr>
<tr><td>科学价值 C3</td></tr>
<tr><td>美学价值 C4</td></tr>
<tr><td rowspan="4">开发条件 B2</td><td>安全性 C5</td></tr>
<tr><td>可进入性 C6</td></tr>
<tr><td>可保护性 C7</td></tr>
<tr><td>基础服务设施 C8</td></tr>
</table>

7.4.2 构建判断矩阵

根据评价指标体系确定每一层次的各个指标相较于上一层次指标的相对重要性，通过邮件或学术交流会议给专家发送问卷进行评分的方式，采用 1～9 及其倒数的相对重要性标度方法（见表 7.3），进行指标相对重要性评判。例如，A_i 与 A_j 两个因素的相对重要性，A_i 相对于 A_j 明显重要，则 A_{ij} 值为 5，而 A_{ji} 值则为 5 的倒数 1/5，表示 A_j 相对于 A_i 的重要性；如果 A_i 与 A_j 的相对重要性介于稍微重要和明显重要之间，则 A_{ij} 值为 4，而 A_{ji} 值则为 1/4。

表 7.3 判断矩阵标度及其含义

标度	含义
1	表示两个因素相比，具有同样重要性
3	表示两个因素相比，A_i 比 A_j 稍微重要
5	表示两个因素相比，A_i 比 A_j 明显重要
7	表示两个因素相比，A_i 比 A_j 强烈重要
9	表示两个因素相比，A_i 比 A_j 极度重要
2、4、6、8	上述两相邻判断的中间值
倒数	因 A_i 与 A_j 比较的判断为 α_{ij}，则因 A_j 与 A_i 比较的判断为 $\frac{1}{\alpha_{ij}}$

本研究共向专家发放问卷(见附录 1)56 份,回收 52 份。专家根据判断矩阵,结合判断矩阵标度表,确定每个评价指标具体的相对重要性标度值,如表 7.4 所示。

表 7.4　专家判断矩阵

A 地质旅游资源评价值评价	资源价值	开发条件		
资源价值	1	4		
开发条件	1/4	1		
B1 资源价值	自然完整性	典型性和稀有性	科学价值	美学价值
自然完整性	1	1/2	1/4	1/4
典型性和稀有性	2	1	1/2	1/2
科学价值	4	2	1	1
美学价值	4	2	1	1
B2 开发条件	安全性	可进入性	可保护性	基础服务设施
安全性	1	1/5	1/3	1/3
可进入性	5	1	2	2
可保护性	3	1/2	1	1
基础服务设施	3	1/2	1	1

7.4.3　计算权重

根据以上专家所反馈回来的判断矩阵表,分别计算各指标的权重分配。计算过程如下:

(1)按列进行归一化处理:

$$A_{ij} = \frac{A_{ij}}{\sum_{k=1}^{n} A_{ij}} \quad (i,j = 1,2,\cdots,n) \tag{7.1}$$

(2)将处理后的判断矩阵按行进行求和:

$$\omega_i = \sum_{j=1}^{n} A_{ij} \quad (i,j = 1,2,\cdots,n) \tag{7.2}$$

(3)将向量归一化处理：

$$\omega'_i = \frac{\omega_i}{\sum_{j=1}^{n} \omega_{ij}} \quad (i,j = 1,2,\cdots,n) \tag{7.3}$$

(4)计算判断矩阵的最大特征值：

$$\lambda_{\max} = \frac{1}{n}\sum_{k=1}^{n} \frac{(P\omega')_i}{\omega_i} \quad (i,j = 1,2,\cdots,n) \tag{7.4}$$

7.4.4 一致性检验

根据以上步骤计算出各指标权重，最后对各判断矩阵进行一致性检验，使用公式：CR＝CI/RI，其中 RI 为平均随机一致性指标(见表 7.5)，CI 为一般一致性指标，CR 为一致性比率。CI 计算公式如下：

$$\mathrm{CI} = \frac{\lambda_{\max} - n}{n - 1} \tag{7.5}$$

式中，n 为判断矩阵的阶数。当 CR 小于 0.1 时，认为该判断矩阵具有良好的一致性，无须调整，视作有效数据。以此类推，将最终有效数据进行加权平均后，便可求得各指标的权重。

表 7.5 判断矩阵平均随机一致性指标 RI 值

阶数 n	RI
1	0
2	0
3	0.52
4	0.90
5	1.12
6	1.24
7	1.32
8	1.41
9	1.45

7.4.5　确定指标权重

使用上述步骤，将回收回来的 52 份问卷进行一致性检验，检验一致性通过后，得到有效问卷 39 份，对 39 份问卷数据进行算术平均，取各评价指标的算术平均值作为本书的评价值，最终得到柴达木盆地地质遗迹评价因子和评价指标的权重及序位（见表 7.6）。

表 7.6　地质遗迹评价因子和评价指标的权重及序位

类型	评价因子	序位	权重	评价指标	序位	权重
柴达木盆地地质遗迹资源评价	资源价值	1	0.62	自然完整性	7	0.05
				典型性和稀有性	4	0.14
				科学价值	1	0.23
				美学价值	2	0.20
	开发条件	2	0.38	安全性	8	0.04
				可进入性	5	0.08
				可保护性	6	0.07
				基础服务设施	3	0.19

7.4.6　评价指标赋分与计算

通过对现有研究成果的分析，确定本次地质遗迹资源评价因子的赋分标准（见表 7.7）。根据上述评价指标体系及其权重的计算结果，通过电子邮件和现场交流的方式，将评价指标和评价方法发给有柴达木盆地实地考察经历的专业人员并进行介绍，让其依据评价标准对盆地内 6 类地质遗迹资源分别进行打分（见附录 2）。为提高评价结果的客观性、全面性、准确性和可比性，取各专家评分结果的算术平均值作为本研究的评价值，再通过权重的计算得出这 6 个地质遗迹大类各个评价因子的得分，最终得出柴达木盆地 6 类地质遗迹的综合得分（见表 7.8）。

表 7.7　地质遗迹评价标准

评价因子	评价项目	评价内容	评价等级				
			90～100（Ⅰ）	75～89（Ⅱ）	60～74（Ⅲ）	45～59（Ⅳ）	＜45（Ⅴ）
资源价值	自然完整性	自然状态、破坏情况	完好	好	较好	稍破坏	破坏严重
	典型性和稀有性	代表意义	极高	高	较高	一般	不明显
	科学价值	教育意义和科研价值	极高	高	较高	较低	低
	美学价值	形态	极优美	优美	较优美	较不优美	不优美
开发条件	安全性	灾害隐患	很安全	安全	较安全	有不安全因素	有灾害隐患
	可进入性	通达度、便捷性	便利	良好	一般	较差	差
	可保护性	遗迹保护的可能性	易保护	能保护	可保护	不易保护	难保护
	基础服务设施	配套设施、服务	极齐全	齐全	较齐全	较欠缺	欠缺

表 7.8　柴达木盆地地质遗迹评价结果

评价权重及得分	评分结果	柴达木盆地地质遗迹评价得分					
		古人类	古植物类	古生物遗迹或可疑古生物遗迹类	冰川类	山石景类	水景类
自然完整性（0.05）	打分	66.6	74.6	74.6	76.4	88.2	87.2
	得分	3.33	3.73	3.73	3.82	4.41	4.36
典型性和稀有性（0.14）	打分	70.07	72	79.79	60.36	91.5	98.43
	得分	9.81	10.08	11.17	8.45	12.81	13.08
科学价值（0.23）	打分	71.52	73.52	93.39	71.52	91.39	78.48
	得分	16.45	16.91	21.48	16.45	21.02	18.05

续表

评价权重及得分	评分结果	柴达木盆地地质遗迹评价得分					
		古人类	古植物类	古生物遗迹或可疑古生物遗迹类	冰川类	山石景类	水景类
美学价值(0.20)	打分	63.5	65.5	62.5	76.6	93.75	98.75
	得分	12.7	13.1	12.5	15.32	18.75	19.75
安全性(0.04)	打分	82.75	83.75	77.25	63	70.5	84.75
	得分	3.31	3.35	3.09	2.52	2.82	3.39
可进入性(0.08)	打分	86.25	86.25	88.25	65.13	88.25	95.25
	得分	6.9	6.9	7.06	5.21	7.06	7.62
可保护性(0.07)	打分	87.71	81.43	78.29	81.43	67.86	79.43
	得分	6.14	5.7	5.48	5.7	4.75	5.56
基础服务设施(0.19)	打分	78.21	76.21	72.21	56.16	78.21	90.26
	得分	14.86	14.48	13.72	10.67	14.86	17.15
总计		73.51	74.25	78.22	68.15	86.48	88.96

7.4.7　评价结果分析

为了使评价结果更好地进行区域的比较，也有利于体现出地质遗迹资源的等级和市场吸引力的区域概念，本研究参照国家标准《地质遗迹调查规范》(DZ/T 0303—2017)和《旅游资源分类、调查与评价》(GB/T 18972—2017)，将地质遗迹资源划分为四个等级：90～100 分为世界级(Ⅰ级)资源，75～89 分为国家级(Ⅱ级)资源，60～74 分为省级(Ⅲ级)资源，小于 60 分为省级以下(Ⅳ级)资源。

本研究通过计算得出柴达木盆地 6 类地质遗迹的综合评价得分和等级，如表 7.9 所示。从资源价值和开发条件两个方面来反映评价对象的综合值，水景类资源开发价值最高，综合得分为 88.96；山石景类次之，综合得分为 86.48；古生物遗迹或可疑古生物遗迹类综合得分为 78.22。根据国家标准，这三类均属国家级地质遗迹资源，具有四级旅游资源区的潜质。古植物类和古人类综合得分较低,分别为 74.25 和 73.51;冰川类综合得分最低,为 68.15。根据国家标准,这三类均属省级地质遗迹资源。

表 7.9　柴达木盆地地质遗迹资源分级表

等级	得分	评价结果
世界级	90～100 分	无
国家级	75～89 分	水景类 山石景类 古生物遗迹或可疑古生物遗迹类
省级	60～74 分	古人类 古植物类 冰川类
省级以下	小于 60 分	无

第 8 章

柴达木盆地地质遗迹资源的保护开发对策

8.1 柴达木盆地地质遗迹资源保护、开发现状

8.1.1 地质遗迹保护力度薄弱

首先，青海省针对全省范围内的地质遗迹资源的系统调查研究工作开展于2015年左右，对比其他地区来说，该地区调查工作开展时间较晚，明显已经滞后，造成很多地质遗迹已被严重破坏。此外，上述所做的调查工作大部分也至少是针对早已建设成景区、公园的著名景点（区域），对于遍布全省范围内的许多不知名的、因交通建设不完善导致无法到达的或因人类活动被破坏、消失了的地质遗迹在调查工作中被遗漏（邓亚东 等，2020）。例如，柴达木盆地部分区域中某些不知名的但却是典型珍贵的地质遗迹，都还没有得到应有的调查和保护。其次，在中国知网、万方数据库、百度文库等文献数据库输入“柴达木盆地”或“海西州”且“地质遗迹”或“旅游资源”进行高级检索，呈现的词条仅数十条，并且年限已久。可见，针对柴达木盆地内的地质遗迹资源或旅游资源研究基础薄弱，几乎处于空白状态。在这样一个地质遗迹基础研究还比较薄弱的情况下，想要建立一个完整、全面的遗产名录和数据库是非常困难的。最后，目前开展的一些工作主要集中在能够增加旅游收入、推动地区经济发展的园区内的地质遗迹资源，而忽视了那些短期不能推动当地旅游业发展和无法增加经济效益的地质遗迹。

柴达木地区身居西北内陆，交通较为落后，地区经济不发达，区域内很多的地质遗迹区（点）连围栏或防护网都没有修建，基本处于无人看管的状态。由于技术和经济条件的限制，也无法聘请专业从业者。此外，在一些偏远的地区，地质遗迹基本上是无人保护、无人管理的状态，只能依靠当地的农民进行日常非专业的看护。即使较热门的景区，也会由于看护巡查工作辛苦、资金短缺和人手不足等原因，只有一两个人负责巡查、保护地质遗迹的工作。

8.1.2　地质旅游开发落后

柴达木盆地关于地质旅游的开发工作处于一个初始阶段，只存在一些旅游景区或普通生态公园，地学性尚未体现。大多数人对柴达木的印象只有广袤的雅丹地貌群和随处可见的盐湖，这样的观光型旅游形式仅对美景的外在进行观赏，不能学到其包含的地学意义，且对一些非地质专业术语的运用使得地质遗迹资源的开发层次太低，无法挖掘出地质遗迹的内在价值。在柴达木地区，有的地质遗迹点对地学相关知识的科普内容展示得非常少，很多都只用了一块展示牌比较生硬、晦涩地说明该地质遗迹的形成原因、特征，密密麻麻的文字让游客望洋兴叹。因此，游客也无法了解到地质遗迹的重要性，导致保护意识薄弱，从而造成对地质遗迹破坏的不文明旅游行为。柴达木盆地因早期没有限制的旅游行为在一定程度上对当地的地质遗迹造成了破坏，这不仅会影响到未来地质旅游的开发与建设，还可能使该地区的旅游业发展走向尽头。此外，在柴达木地区，能够对地学知识进行专业讲解的工作人员寥寥无几，甚至有些游人较少的地区难以找到一个导游。与旅游者直接接触的工作人员，对其工作区域内的地质遗迹资源的基本属性、特征、地学价值等相关专业知识的掌握不到位，使用地学专业术语向游客科普相关知识的技术运用不熟练，并且只有小部分的专职从事地质工作的人员参与到有关地质遗迹资源保护和开发的工作中。

从柴达木地区的旅游业整体发展角度来看，柴达木深居高原内陆，距离客源市场比较遥远，现有的交通条件容易限制旅游业的发展。吃、住、行、游、购、娱等各个环节还没有形成一个紧密结合、相互推动的产业链条，暂时无法满足游客多样化、多层次的消费需求。目前旅游收入结构较为单一，游客的消费集中投入在住宿和长距离的交通上，娱乐和购物消费比重偏低，游览费用支出比例最小。另外，柴达木地区很多景区、景点还没有被开发，已经开发的景区层次也比较低，区域内整体的基础设施条件较差，特别是高原地区的旅游应急服务设施建设还很薄弱。柴达木地区旅游基础差，规划起步晚，科学有效的宣传推介手段和措施不多。部分地区的旅游资源品味虽然较高，有独特的观赏价值，但由于对旅游资源的宣传力度不够，缺乏具有吸引力和成熟的旅游产品，所以柴达木地区对景区（点）的营销策略也是比较落后的。

8.2　柴达木盆地地质遗迹资源分级保护措施

8.2.1　地质遗迹保护区划分

针对柴达木盆地地质遗迹分布、价值特征以及定量评价结果，按照《国家地质公园规划编制技术要求》（2019）保护区划分依据与保护要求（见表 8.1），对柴达木盆地的地质遗迹资源保护区划分如下：重点保护区，包括山石景类、水景类、古生物遗迹或可疑古生物遗迹类；一般保护区，包括古人类、古植物类和冰川类。

表 8.1　地质遗迹保护区等级与特征

保护等级	划分依据	保护要求
特级保护区（Ⅰ级）	国家级地质遗迹资源标准：主要为特殊的地质遗迹分布区和具有重要美学、科学和旅游价值的不可再生的自然景观分布区；在国内罕见、省市仅有，具有珍稀、典型和独特的国家大区域性的地学或科研意义且被保存好的地质遗迹，有申请国家级地质公园开发价值和潜力	①对该地区的地质遗迹进行严格的保护，严禁对其地形地貌做出人为改变或毁坏；②在容易受到游客伤害而被破坏的地质遗迹，要在附近设置必要的防护、隔离措施；③除安全、卫生及旅游这些必需的相关设施外，禁止随意修建任何建筑物；不利于观赏价值和美学价值的已有建筑物应被拆除，必要的旅游设施的体量和风格也应与自然景观相协调；④区域内严禁不合理的商业广告，方向牌、解说牌、公益提示牌除外；⑤严格禁止开采任何资源，未经许可不得采集样品，严禁交通工具进入区内

续表

保护等级	划分依据	保护要求
重点保护区（Ⅱ级）	省级地质遗迹资源标准：是省市范围内唯一的，具有重要、特殊的省市区域性地学或科研意义，有申请省、国家级地质公园、重点地质遗迹保护区开发价值或潜力的保存较好的地质遗迹，对全国旅游线路有连接作用	①对地质遗迹自然景观进行保护，禁止开荒、开山采石、修坟；②在不破坏自然景观、不污染环境等情况下，可以设置必要的旅游设施，并要控制其体量与风格，要与自然景观相协调；③对区域内的居民点实行管制，对其发展要进行严格的控制；④施行绿色生态建设，但不适合进行城市园林化
一般保护区（Ⅲ级）	省级以下地质遗迹资源标准：在区县内仍然具有一定的特色性、代表性和吸引力，尚可修复性保护的地质遗迹，具有保护价值，旅游、教学和科研开发价值或潜力，对省际旅游线路有一定的辅助作用	①在该保护区内，对各种建筑和设施要进行有序的控制，并应与周围的风景、环境相协调；②从总体上要保护自然资源，保持生态平衡，加强绿化，区内林木不分权属都应得到保护；③区内的村庄、民舍房屋的建设必须与周围的环境相协调，并做好村落的整体卫生整治工作

8.2.2　柴达木盆地特殊地质遗迹保护方案

依据各级保护区明确的保护要求和柴达木盆地的区域背景，提出以下具体保护措施。

1. 雅丹地貌群

雅丹地貌群是柴达木盆地内的核心景观，最重要的地质遗迹资源之一，可采取以下保护措施。

(1)在雅丹地貌群的出入口、核心区域设置醒目的标识牌、警示牌，说明该区域的观赏价值、科学价值，以及在国内的地位。

(2)在雅丹地貌群周边修建围栏,加派巡逻、管理人员,禁止机动车进入;提高违规成本,加大违规处罚力度。

(3)在雅丹地貌群视域范围内禁止修建非规划内的建筑,要尽量保持雅丹地貌的原始风貌和整体协调性。

2. **水景区域**

柴达木盆地是中国高原湖泊分布最密集的地区之一,是近几年区域内旅游业发展最兴盛的景点之一,这也加大了其保护的难度。柴达木盆地水景区域可采取以下保护措施。

(1)规划最佳游览路线,这样不仅可以使游客尽可能观赏到又多又好的景观,还能最大程度避免安全事故的发生。同时,路线的规划与设计应避开容易被破坏污染的区域。

(2)重点区域、路段应设立标示牌,引导游客观赏;完善景区(点)基础设置,多设置垃圾桶等,禁止游人乱丢垃圾,以免污染水域。

(3)在旅游黄金期间(7—9 月),增加管理和安保人员,加大监管力度;加大违规处罚力度,提高违规成本。

(4)严禁任何机动船只参与游览活动,如果确实需要使用船只,应采用绿色环保的船只;严格控制建设码头的数量和规模;对同一时段内开展游弋观光活动的船舶要严格限制。

3. **古生物类地质遗迹**

柴达木盆地内的古生物类地质遗迹虽然不多,但科学价值非常高,具有重大的科研意义。并且,古生物地质遗迹极其脆弱,可保护性较低。柴达木盆地的古生物类地质遗迹可采取以下保护措施。

(1)设置的标识牌、警示牌,要使游客可以学习到古生物类地质遗迹的专业知识,进而提高游客的保护意识;设置的标识牌、警示牌要说明该遗迹点的科学研究的价值和意义,以及对整个人类发展进步的重要性。

(2)设置栅栏、围罩以隔离已被损坏的地质遗迹点，且设置栅栏、围罩也可以避免触碰、刻字等这种可能会对地质遗迹造成损害的潜在性破坏行为；遗迹点周边要铺设栈道，严禁集体和个人的乱挖滥采行为。

(3)严格控制活动的次数，科考、旅行等项目要在专业人员、管理人员的带领、管控下进行。

4. 冰川地貌

柴达木盆地内的冰川地貌大多处于尚未开发的状态，基础设施极其不完善，因此安全系数也是较低的。柴达木盆地冰川地貌可采取以下保护措施。

(1)对古冰川地貌和周边地区进行严格保护，不得对其自然状况造成损害；对尚未充分利用的地质遗迹，采用铁丝网圈闭保护。

(2)需要在有专业人士的管控下才能开展科考、旅游等项目。

(3)完善停车场、售票处、住宿场所等基本服务设施，但必须与冰川地区保持一定距离，并划分专门的宿营地，严禁擅自在任何地方住宿。

8.3 柴达木盆地地质旅游 SWOT 分析

8.3.1 优势分析(strengths)

柴达木盆地地质遗迹资源类型比较丰富，大类的资源等级也较高。柴达木盆地地质遗迹资源共有 3 个大类、6 个类、8 个亚类，资源类型比较丰富。根据本书表 7.9 的评价结果，柴达木盆地的水景类、山石景类、古生物遗迹或可疑古生物遗迹类均具有国家级(Ⅱ级)地质遗迹资源的潜力，古人类、古植物类、冰川类也达到了省级(Ⅲ级)地质遗迹资源的标准。在综合得分最高的水景类和山石景类的评价因子中，地质遗迹的美学价值、典型性和稀有性均在 90 分以上，说明了柴达木盆地的主要地质遗迹资源稀有独特、形态优美。山石景类和古生物遗迹或可疑古生物遗迹类两类的科学价值评价得分均在 90 分以上，说明了柴达木盆地的主要地质遗迹资源的科学研究意义也较高。

柴达木盆地以自然资源为主，自然资源与人文资源兼备。柴达木位于世界屋脊——青藏高原，加之地处西北内陆，这就使其形成了独具特色的自然风光和人文景观，也构成了柴达木盆地丰富多彩、特色鲜明的旅游资源体系，极具旅游吸引力和市场竞争力。柴达木盆地地处海西蒙古族藏族自治州。海西州的州府所在地——德令哈市，是我国古代著名“南丝绸之路”的重要交通枢纽，也就是那时候所说的“驿站”。如今的德令哈已成为一个多民族的聚居区，各族人民相互尊重，和谐共存，因而形成了柴达木地区具有广泛影响力的独特的德都蒙古族藏族文化元素。独特的地质遗迹、自然风光、历史文化，以及浓郁的民族风情、深厚的文化底蕴，使得海西州是开展生态观光、研学旅游、户外探险、高原自驾游的绝佳场地。此外，海西州内公路成网、四通八达，交通十分便利，沿途风景差异大、丰富多彩，非常适合满足那些灵活性强、体验性高自驾游游客的需求。

8.3.2 劣势分析(weaknesses)

柴达木盆地虽然位于青藏高原的东北边缘，但盆地海拔也在 2000 m 以上。由于盆地地势较高，空气中的氧气含量较低，很容易引起部分游客的高原反应，这就使得一些年龄较大、身体较弱、对高原反应感到恐惧的旅客望而却步。盆地四季变化显著，极其容易发生极端气候。10 月至次年 5 月间有漫长的风雪低温期，多大风和风沙天气，6 月至 8 月内偶尔会有雷暴冰雹，真正适合旅游的季节只有短短的 9 月至 10 月，旅游适宜期短促。

柴达木盆地地域广阔，景点之间距离太远，而且盆地内景区的地理位置比较分散，每一个景区间的距离都在一百公里以上甚至数百公里。同时，区域内交通方式单一，青藏线的火车仅会在德令哈和格尔木停靠，班次较少；区域内仅有海西德令哈机场、格尔木机场和海西花土沟机场站，只能起降少量高原机型，可提供的旅客吞吐量较低。再者，公路的道路条件相对落后、危险，受季节性气候和昼夜温差过大等因素影响，使得路基的老化损失率大大增加；公路周边有沙区，时而发生沙尘暴，影响行车安全，且区域内地质灾害频发，有些地区的道路也时有阻断毁坏。并不健全的陆路交通体系和未能覆盖全省范围的路网等基础设施的不完善，都会影响着区域内的交通出行这一最重要要素，会极大地制约着地区旅游业的发展。

另外，柴达木盆地旅游开发滞后，基础设施建设极不完善。一些主要地质遗迹点附近甚至没有完善的游客服务设施，公路沿线也没有配套商店、餐馆和公共卫生间。全区宾馆数量较少，接待能力十分有限。同时，景区之间来往的班车较少，不少的景区只有游客自驾越野车才能勉强通行。盆地内的地质遗迹点很多都没有对应的展示牌、解说牌，且建成多年的公园内很多展示牌、解说牌已经褪色、损坏或内容没有更新。

8.3.3　机遇分析(opportunities)

柴达木盆地主体上与海西州的行政区域相重合，地处青海、甘肃、新疆、西藏四个省份交汇的中心地带，北面紧靠甘肃省，南面接壤西藏自治区，东面靠着青海省的青海湖，西面可达新疆维吾尔自治区。近年来,海西州积极开发以 109、315 国道为主的“青甘大环线”西北风情自驾游旅游线路,逐渐形成了具有鲜明的高原特色和底蕴浓厚的民族风情的旅游品牌。海西州现有主要旅游景点 100 余处,国家 A 级景区 20 个,其中 AAAA 级景区 7 个(格尔木市昆仑旅游区、格尔木市将军楼文化主题公园景区、乌兰县茶卡盐湖景区、茶卡天空壹号景区、乌素特水上雅丹、大柴旦翡翠湖景区、格尔木察尔汗盐湖景区),AAA 级景区 10 个,AA 级景区 2 个。

海西将统筹结合生态保护和生态旅游发展,积极融入青海省打造国际生态旅游目的地,推进文化产业和旅游产业的融合,实行全域旅游战略。同时,通过打造生态旅游景区、生态旅游风景廊道等生态产品,推进旅游都市-旅游县(市)-特色旅游乡镇-重点生态旅游景区(旅游乡村)四级生态旅游目的地建设;构建“一圈三核三廊道七版块”的整体空间布局,差异化发展具有地方特色的生态旅游产品,形成特色突出、功能互补、联动发展的旅游目的地体系。

8.3.4 威胁分析(threats)

虽然柴达木盆地地质遗迹资源丰富,但现有的保护体系和措施并不完善。柴达木盆地的生态环境比较脆弱,当造成地质遗迹被毁坏、资源枯竭等无法挽回的情况时,该地区珍贵独特的地质遗迹将很难得到修复和替换,从而对会地质旅游行业的可持续发展造成很大的冲击。

青海省一直在推出“大美青海”的旅游品牌形象,虽然经济体量上看不出大,但其实它是一个旅游资源大省。青海省的旅游业发展速度较为缓慢,整体上的不温不火也势必会对柴达木盆地地质遗迹资源的开发产生不利影响。此外,邻近省份、区域也在借助相似的区域优势和资源优势争抢旅游市场,例如新疆的“中国三大最美雅丹地貌”——乌尔禾、白龙堆、三垅沙，西宁的青海湖，甘肃的张掖七彩丹霞、鸣沙山-月牙泉景区，以及西藏同样地处高原且民族特色浓郁。

8.4 构建政府主导型的柴达木盆地地质旅游资源开发模式

自20世纪90年代以来，我国确立了“政府主导型”旅游发展战略，诸如“创建中国优秀旅游城市”“创造节假日旅游黄金周”等活动。政府主导型旅游发展战略，不仅赢得了各旅游主体的普遍认可，同时也带来了十分可观的经济效益。政府主导型旅游资源开发，在以市场为基础配置资源的前提下，充分合理地发挥政府宏观调控职能，通过产业政策、法规标准等措施，积极引导和规范各旅游主体的经营行为，以实现旅游资源的配置达到或接近最优状态。政府主导地质旅游的开发，有助于本地居民在旅游开发中的利益得到保障，同时还能够以典型示范激发本地居民参与地质旅游发展的积极性与主动性。政府主导还能为外部投资提供引导，为区域旅游提供资金支持，为地质旅游的迅速发展提供外部资金保障。此外，政府主导还能够向外部释放政策稳定性的信息，吸引更多更有实力的开发企业加入柴达木盆地地质旅游的开发建设中。

根据前文的SWOT分析，在地质遗迹分级保护原则的前提下，本研究提出构建柴达木盆地地质遗迹旅游资源的政府主导型开发模式，主要从政府主导宏观规划、设施建设、资源整合和营销推广四个方面进行论述（如图8.1所示）。

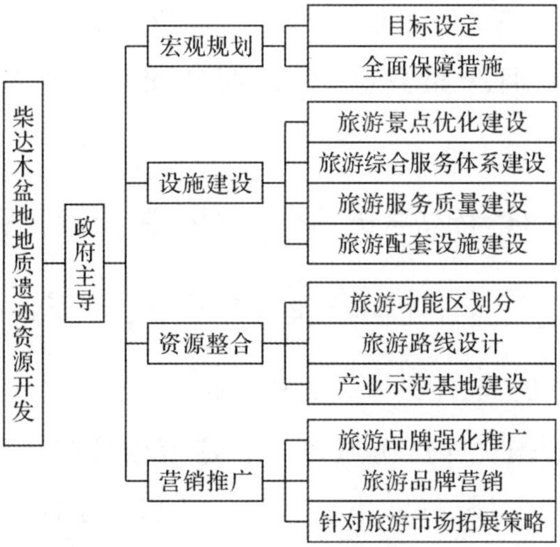

图 8.1 政府主导型柴达木盆地地质遗迹资源开发规划

8.4.1 构建政府主导型的开发模式

构建政府主导型的开发模式，要制定柴达木盆地的地质旅游业发展目标，并采取一系列的保障措施，推进地质旅游产业发展规划，以保证这一目标的实现。柴达木盆地要在青海省全域旅游规划的背景下，利用区位、自然风光独特、历史文化深厚、自驾兴起特征突出等优势，围绕核心品牌，加大资源开发力度，不断充实和完善现代旅游目的地的综合服务功能，构建大旅游发展格局，形成协调配套的旅游产业综合体系，重点发展地质科考观光游，完善自驾旅游体系建设。同时，要加大宣传推介力度，推进“数字文旅”建设，进一步叫响“祖国聚宝盆，神奇柴达木”品牌。

(1) 高原旅游名州。依托茶卡盐湖——天空之镜、察尔汗盐湖——万丈盐桥、俄博梁雅丹地群等国内高品位特色地质旅游资源及品牌，将柴达木(海西州)由旅游大州逐步建成青藏高原旅游名州，确立其在青海旅游市场中新的增长极的地位。

(2)高原生态国际旅游目的地。依托高原特有的自然生态和人文资源,将柴达木打造成为集生态观光、科考研学、文化体验和休闲度假于一体的复合型、全天候高原生态国际旅游目的地。

(3)新丝绸之路核心目的地和集散地。践行国家"一带一路"发展倡议,将柴达木打造为丝绸之路旅游线上的核心驿站之一,打造为丝绸之路旅游线上的重要旅游集散中心,使之成为我国丝绸之路旅游的新兴热点地区。

8.4.2　政府主导旅游设施建设

在保证社会效益的基础上,政府需要建立完善的配套设施,以及与旅游相关的基础服务设施体系,推动柴达木地区地质遗迹资源开发顺利进行。柴达木地区配套的基础设施可以根据当地的实际情况进行建设。但是,如果在地质遗迹旅游资源划定的特定保护区内,应该不开展或者少开展旅游活动。

1. 旅游景点优化建设

着力推进茶卡盐湖 AAAAA 级景区建设工作,推动察尔汗盐湖、"两湖一址"改造、提升等工作,加快建设海西茶卡盐湖"天空之境"特色产业园、茶卡盐湖光影小镇等一批重点旅游项目。深化景区建设体制改革,组建景区管委会,综合统一规划,搭建景区市场运营平台,依法组建景区开发公司,针对景区实行动态管理机制。坚持保护第一,遵循柴达木盆地地质遗迹资源分级保护分区的原则,加大景区核心旅游产品开发,着力提升产品品质,集中丰富产品内容,完善相关服务功能。加快推进城镇旅游化、全域景区化、城景一体化,着力完善景区所依托城市的旅游功能,提高旅游公共服务水平。

地质遗迹点(区)根据自身条件建立室内解说设备(如影像、图片、书籍等)和室外解说设施(如展示牌、解说感应器等),或配备人工解说等解说系统。推进地质博物馆、科普馆,公园主副碑、公共信息标识牌、景点景物解说牌的建设工作。所展示的内容一定要尽量做到内容准确科学、生动易读、简明扼要、深入浅出,外观与周边环境相融合,并进行及时的更新。注重提升导游人员专业素养,制定从业人员培训制度,抓好从业人员的管理、服务和职业技能培训工作。

2. 旅游综合服务体系建设

在德令哈市、格尔木市和乌兰县这三个旅游目的地建立城市旅游集散中心和旅游咨询服务中心;在天骏、都兰、大柴旦、冷湖、茫崖等地建设二级综合游客咨询服务中心;在重点景区(AAAA 级景区)、主题小镇、旅游度假区等地建设三级游客咨询服务点。同时,完善主要旅游景区、饭店、社区等旅游咨询服务网络的建设。依托集散中心建设背包客宿营地,依托各交通干线景区建设自驾车营地(区),推进海西州丝路驿站建设,将其建设成为自驾车示范州。

3. 旅游服务质量建设

强化旅游行业的监管力度,以旅游景区、宾馆饭店、旅行社和导游为主要管理对象,建立健全的旅游信用制度体系;强化监督检查和规范指导,加大对市场的检查、监督、规范和指导力度,建立安全有效的保障体系;以提高旅游服务品质和优化旅游市场环境为机遇,营造一个健康、和谐、有序的旅游环境,推动全州旅游业的发展,使其发展成为使大众更加满意的现代服务业。

4. 旅游配套设施建设

建设旅游交通业是以交通运输和公路建设为主体内容的。由于公路建设工程投资规模巨大，因此需要把具有发展潜力的地质旅游景区列入道路网络建设规划中，而这必须依靠政府建立健全的交通网络体系。旅游酒店的数量与质量是评价一个地区旅游资源开发条件的重要指标，同时也是一个很好的吸引游客的影响因素。因此，要根据景区环境、配套设施、环境承载能力来决定景区酒店的星级和配套服务：在地质遗迹资源的核心保护区，应该尽可能不建设住宿设施；对已经开发的，且具有国际、国内影响力的风景名胜区，在条件允许的前提下，可以使大型、中高档酒店管理集团落户；在经济发展相对落后、交通信息不完善的地区，则可以开辟不占用景观资源的村户作为民宿或者配备较少的当地住宿设施。

8.4.3 政府主导整合旅游资源

柴达木盆地地域辽阔，地质遗迹资源和其他旅游资源具有跨区域性，有时还要注重跟周边区域的联动，所以需要政府主导来协调进行开发建设。柴达木盆地并不缺乏优质的地质遗迹资源和其他旅游资源，但分散在各处还没有形成有效的资源整合的优势，所以在旅游产品的设计上，要注重区域联动，集中产生扩大化效益。

1. 旅游功能区划分

根据柴达木盆地地质遗迹资源以及其他旅游资源的特征及其分布情况，可将柴达木地区划分为7个旅游功能区（见表8.2）（杨洁，2016）。

表 8.2 柴达木盆地旅游功能分区

分区		主体构成	主体功能
柴达木旅游功能区划分	德令哈	托素湖、克鲁克湖、外星人遗址、怀头他拉岩画	生态旅游、科考旅游
	格尔木盐湖	万丈盐桥、海市蜃楼、盐海玉波、青海钾肥厂、盐湖奇观(盐花、盐脑、盐溶钟乳)	观光旅游、科考旅游、工业旅游
	格尔木雅丹地貌	一里坪雅丹群、南八仙雅丹群、大柴旦温泉、牛鼻子梁雅丹群、滩涧山金矿、冷湖油田、尕斯库勒湖油田	观光旅游、探险旅游、科考旅游、工业旅游
	昆仑文化	昆仑神泉、一步天险、玉虚峰、玉珠峰、无极龙凤宫、瑶池、野牛沟岩画、姜太公修炼处、昆仑山门、道教祖庭	登山旅游、科考旅游、宗教朝觐游、生态旅游、观光旅游
	都兰	热水吐蕃古墓群、海虾山、香日德寺、卢森沟岩画、塔温他里哈遗址、扎西曲岗寺、巴哈莫力岩画、都兰国际狩猎场	科考旅游、宗教朝觐游、狩猎游
	诺木洪	诺木洪文化遗址、贝壳山、梭梭林自然保护区、芦苇船	科考旅游、生态旅游
	芒崖	翡翠湖、石油小镇遗址、艾肯泉、火星基地、千佛崖、尕斯湖、丹霞地貌(英雄岭)、阿拉尔湿地、七个泉军事剿匪基地	科考旅游、观光旅游、生态旅游、工业旅游

2. 旅游路线设计

在线路设计方面,同样要考虑到柴达木盆地地质遗迹资源和其他旅游资源的特点及分布,要以现有享有较高知名度的南丝绸之路、世界屋脊探险线为纽带,以格尔木市为周转中心,将柴达木地区的景点串联起来，规划设计出具有强烈地域特色的旅游路线。同时，还要加强与周边省、市，如西宁、海南州，以及西藏、甘肃等地的跨区域旅游合作，一同打造旅游精品路线。例如：

(1)盐湖观光游：格尔木—茶卡—西宁。

(2)丝绸之路游：敦煌—玉门关—党金山—大柴旦—青海湖—西宁。

(3)“激情穿越柴达木”游：敦煌—石油小镇—俄博梁魔鬼城—火星营地—千佛崖—艾肯泉—翡翠湖—东台吉乃尔湖—翡翠湖—德令哈茶卡盐湖—青海湖—西宁。

(4)雅丹探索游：敦煌—石油基地—俄博梁——里坪—水上雅丹—南八仙—大柴旦。

(5)昆仑道教寻祖游：格尔木市—南山口—昆仑神泉—野牛沟口—玉虚峰—西王母瑶池—昆仑岩画。

(6)世界屋脊探险科考游：西宁—湟源—海晏—刚察—天峻—乌兰—德令哈—格尔木—昆仑山。

(7)青藏线：拉萨—当雄—那曲—安多—格尔木—共和—湟中—西宁。

(8)青甘环线：西宁—门源—祁连—肃南—临泽—酒泉—嘉峪关—瓜州—敦煌—阿克塞—大柴旦—德令哈—茶卡盐湖—青海湖—塔尔寺—西宁。

(9)三江源生态观光游：西宁—青海湖—乌兰—德令哈—格尔木—三江源。

(10)大香格里拉旅游圈：西宁—青海湖—格尔木—安多—纳木错—日喀则—拉萨—林芝—波密县—八宿县—芒康县—德钦县香格里拉—丽江—攀枝花—凉山—雅安—成都—若尔盖—西宁。

3.“旅游+”产业示范基地建设

由青海省文化和旅游厅牵头，联合省农牧厅、工业和信息化厅、教育厅、交通厅等相关部门，推动“旅游＋”产业示范基地建设：天峻山地质公园、柴达木矿山公园、雅丹魔鬼城地质公园、大柴旦水上雅丹地质公园地质旅游示范基地；茶卡“天空之境”特色文化产业园、都兰吐谷浑吐蕃文化产业园、昆仑文化论坛文化旅游示范基地；柴达木枸杞采摘园、可鲁克湖现代渔庄、蒙古包民俗文化园、都兰野生动物观光园、格尔木农业科技示范园休闲农牧业示范基地；茶卡盐湖工业旅游示范基地、青海大漠红枸杞工业旅游景区、柴达木循环经济试验区、中国盐湖城工业旅游基地、察尔汗盐湖工业旅游景区工业旅游示范基地；海西柏树山森林公园、海西五子湖旅游区、海西胡杨林省级自然保护区生态旅游示范基地；海西格尔木博物馆、察尔汗盐湖国家矿山公园、塔尔寺研学旅游示范基地。

8.4.4 政府主导构建营销工程

1.旅游品牌强化推广

各市/州、县及重点景区要以“祖国聚宝盆，神奇柴达木”为核心品牌，确立与其相协调的宣传口号、主题形象，构建特色鲜明、主题突出、传播广泛、社会认可度高的柴达木旅游形象品牌体系。整合全区域优势地质遗迹资源与其他旅游资源和文化资源，丰富柴达木旅游产品、品牌体系，强化雅丹奇、盐湖美、天空蓝、知识多的地质旅游品牌形象，促进柴达木旅游由形象推广转变为产品营销，将“祖国聚宝盆，神奇柴达木”的旅游品牌形象贯穿于整个旅游活动中，并且深入旅游服务的各个环节，进而提升游客的体验感。

2.旅游品牌营销

围绕地质旅游产品进行销售，进行市场需求的调查与研究，对准重点客源市场，健全宣传、推广体系与运行机制，创新营销平台，开展营销绩效的评价，推动旅游宣传的市场化和专业化。柴达木盆地要做好旅游宣传片、旅游宣传手册、旅游微电影、旅游地图等编制设计工作，形成对外营销宣传的强有力载体。比如，可以在西宁、成都、西安的机场展示柴达木地质遗迹，如茶卡盐湖、察尔汗盐湖、雅丹地貌群等；与“三微一端”（微博、微信、微视、移动客户端）进行合作，通过开展“穿越柴达木”Vlog大赛等形式进一步宣传“祖国聚宝盆，神奇柴达木”品牌；在平面媒体等传统媒体中也要增加柴达木盆地的版面，以游记、专访等形式图文并茂地展示柴达木独特的地质遗迹资源等。另外，还可以与国家地理杂志社合作，做好关于柴达木地质遗迹资源介绍的图书出版工作。

3. 针对旅游市场制定策略

针对省内市场、国内市场、入境市场、淡季旅游市场等，制定旅游市场的拓展计划与策略。一要重点激活省内市场，激活省内城市自驾车旅游、研学旅游、周末休闲旅游、乡村旅游市场，推动城乡旅游互动，实现灵活、弹性的休假制度。二要全面发展国内市场，加强与邻近省（区）进行旅游相关产业的合作。三要稳固重点省区旅游市场，加大对经济发达地区的旅游营销力度。四要大力拓展国际市场，针对基础市场制定相应的营销策略，巩固传统客源市场，着重拓展“一带一路”沿线国家旅游市场。五要推出新型旅游产品如冰雪游等，有效提振淡季旅游市场。

第9章

初步结论与研究展望

9.1 初步结论

本研究以柴达木盆地长垄状雅丹地貌为研究对象，对其分布概况、形态特征、风况特征、内部沉积层理及沉积物的粒度、地球化学元素、矿物组成等内容进行了分析，阐明了该地貌类型的发育环境，并基于地貌侵蚀循环学说提出了长垄状雅丹的演化模式。在此基础上，对柴达木盆地地质遗迹旅游资源，尤其是雅丹地貌进行调查和评价，并提出相应的保护开发对策。本研究获得的初步结论如下：

(1)柴达木盆地的长垄状雅丹主要位于盆地的最北端，北以阿尔金山山前冲洪积扇为界，东、西分别与昆特依和大浪滩干盐湖为邻，南抵察汗斯拉图干盐湖边缘。

(2)长垄状雅丹长度主体介于 200 m 至 400 m 之间，平均为 500.66 m；宽度主体介于 20 m 至 30 m 之间，平均为 27.44 m；间距主体介于 10 m至 12 m 之间，平均为 10.49 m。柴达木盆地长垄状雅丹的比例系数主体介于 1∶25～1∶5 之间，平均为 1∶18.23。因此，研究区内的雅丹应多处于幼年期和青年期阶段，远没有达到发育成熟的阶段所具有的流线形态。雅丹走向多为 N-S，占比 60.71%；其次为 NNW-SSE 走向，占比 28.29%；最后为 NNE-SSW 走向，占比 11.00%。

(3)柴达木盆地长垄状雅丹地貌分布区的起沙风主要为 NNW 风、NW 风和 N 风，且在夏季和春季最强烈。研究区的年输沙势高达 1246.05 VU，指示研究区为高等风能环境，且 RDP/DP 近似等于 1，代表研究区为窄单峰风况。塑造长垄状雅丹地貌的这种强劲且方向稳定的风力作用，一方面是由于来自塔里木盆地和库姆塔格沙漠的气流在翻越阿尔金山后下沉加速造成的，另一方面则可归结于气流与雅丹的相互作用，产生狭管效应，使气流在雅丹廊道内更加密集，并进一步加速。通过将柴达木盆地雅丹地貌发育风况环境与中国北方沙漠或沙地中存在雅丹或其他风沙地貌的地区进行对比，发现雅丹地貌多发育于高等或中等风能环境中，这与中国大部分的沙漠或沙地地区明显不同，它们主要分布于中等或低等风能环境中。

(4)粒度分析结果表明，雅丹体内富含细颗粒物质。其中，粉沙粒级含量最高，比例为44.03%；沙粒级含量次之，占比35.99%；黏粒组分含量最少，仅为19.98%。长垄状雅丹地层剖面自底部至顶部，沉积物平均粒径呈现出明显的粗细相间分布模式，即表现为沙质亚砂土与粉质黏土或沙质亚黏土与粉质亚黏土的互层现象。这种粗细相间或软硬相间的岩性分布模式导致其抗侵蚀能力不同，抗侵蚀能力较强的泥岩层凸出，抗侵蚀能力弱的沙层凹进，因而长垄状雅丹两翼的斜坡多发育成锯齿状形态。

(5)长垄状雅丹地层沉积物的常量化合物组成中，以SiO_2含量最高，平均占比35.75%，CaO和Al_2O_3的平均含量分居二、三位，分别为11.62%和10.52%；微量元素以Cl元素含量最高，平均为37661.8 μg/g。相较于上陆壳平均化学元素组成，长垄状雅丹沉积物中CaO和MgO富集程度较高；Na_2O在剖面上部富集程度较高，而在下部则出现亏损现象。微量元素中Cl和As元素的富集程度较高。长垄状雅丹沉积物的CIA值平均为39.03，且在A-CN-K三角图上准平行于A-CN连线，主体在斜长石与钾长石连线的下方，位于风化趋势线的反向延长线上，因此雅丹地层沉积物的化学风化程度较弱，整体处于风化的初期阶段，即微弱的脱Na、Ca阶段。

(6)长垄状雅丹沉积物的轻矿物组成以石英和长石为主，其中长石的平均含量为22.93%，石英的平均含量为17.78%，与风成沙中以石英含量最高有所差别。重矿物的平均含量为18.36%，按照重矿物稳定性划分，长垄状雅丹沉积物以不稳定和较稳定重矿物组合为主，平均含量占重矿物总含量的97.41%。石英与长石比例、重矿物稳定系数等均指示长垄状雅丹沉积物的矿物稳定性较差，风化程度较低。

(7)基于对长垄状雅丹影像的综合分析和地貌侵蚀循环学说，可以将其演化划分为四个阶段，即幼年期、青年期、壮年期和老年期。幼年期雅丹被凹槽隔开，凹槽横剖面多为宽浅的“V”形，雅丹纵向延伸性较好，呈扁平的长垄状。青年期，凹槽发生迅速的下切侵蚀和侧向侵蚀，使凹槽加深展宽，发展为廊道，同时雅丹逐渐增高。至壮年期，雅丹高度达到最大值。随着廊道下切侵蚀的停止，侧向侵蚀过程导致雅丹逐渐缩小，直至进入老年期，雅丹完全消失，地表发育演化为准平原状态。

(8)柴达木盆地水景类资源开发价值最高，综合得分为 88.96，山石景类次之，综合得分为 86.48，山石景类中尤其以雅丹地貌为代表的地质遗迹旅游资源开发价值最高。柴达木盆地地域辽阔，地质遗迹分布广而散，并且大多数地质遗迹并没有被系统地保护起来，有些已经被严重破坏，造成了不可逆转的损失。同时，柴达木盆地针对地质旅游的开发正处于初始阶段，雅丹地貌旅游资源开发价值高，但旅游基础薄弱，规划起步较晚，并未建立规模性、系统性的地质公园或景区。此外，柴达木盆地缺少科学有效的宣传推广措施和手段，盆地的整体旅游品牌形象不够突出，旅游市场缺乏成熟的具有吸引力的产品。

9.2　存在问题及研究展望

雅丹地貌发育演化是内外营力经过较长的地质历史时期作用的结果，而目前我们看到的雅丹仅为其发育演化过程中的一个短暂的瞬间。由于条件限制，本研究仅对其分布概况、形态特征、风况环境、沉积层理和沉积物特征进行了研究，虽然取得了一些初步结论，但仍存在一些不足，这些不足也是未来研究工作的重点。

(1)风沙流结构。本研究仅对风速、风向和输沙势进行了计算，输沙势代表潜在的输沙能力，其真实数值仍需要野外实际观测来确定。通过在野外架设集沙仪，明确研究区的风沙流结构及输沙能力，对于阐明雅丹地貌发育的风动力环境来说，是十分重要的内容。

(2)流水作用以及其他外营力。流水作用、风化作用、块体运动和盐的溶蚀等在雅丹地貌演化中的作用如何量化，以及雅丹地貌不同演化阶段的外营力组合特征，也是未来研究需要进一步明确的。

(3)雅丹地貌年龄。同风积地貌可利用石英或长石进行光释光测年不同，雅丹地貌沉积物的年代并不代表其发育年代，因此，如何确定雅丹地貌的发育年代也是一个重要的研究内容。

(4)数值模拟和风洞实验。野外调查和室内实验是传统的风沙地貌研究方法，但仍需要与其他方法相结合，如风洞实验和数值模拟等。虽然关于雅丹地貌风洞实验的研究早在 1984 年就进行了，但是之后却鲜有这方面的报道。数值模拟方法在风积地貌研究中应用较多，且取得了不错的成果，但是如何应用到风蚀地貌研究中，也需要进行尝试。

参考文献

鲍锋,董治宝,张正偲,2015. 柴达木盆地风沙地貌区风况特征[J]. 中国沙漠,35(3):549-554.

陈碧珊,潘安定,杨木壮,2010. 近50年柴达木盆地气候要素分布特征及变化趋势分析[J]. 干旱区资源与环境,24(5):117-123.

陈丙咸,吕明强,1959. 柴达木盆地的荒漠地貌[J]. 南京大学学报(自然科学版)(6):35-42.

陈发虎,马海洲,张宇田,等,1990. 兰州黄土地球化学特征及其意义[J]. 兰州大学学报(自然科学版),26(4):154-166.

陈国英,陈发虎,1993. 兰州九州台黄土剖面重矿物研究[J]. 兰州大学学报,29(4):257-267.

陈国英,孙淑荣,方小敏,等,1997. 青藏高原及邻区马兰黄土重矿物特征与黄土来源的研究[J]. 沉积学报,15(4):134-142.

陈骏,安芷生,刘连文,等,2001. 最近2.5 Ma以来黄土高原风尘化学组成的变化与亚洲内陆的化学风化[J]. 中国科学(地球科学),31(2):136-145.

陈梦熊,1957. 柴达木盆地的水文地质条件[J]. 水文地质工程地质(1):16-21.

陈宗器,1936.罗布淖尔与罗布荒原[J].地理学报,3(1):19-49.

成都地质学院陕北队,1978.沉积岩(物)粒度分析及其应用[M].北京:地质出版社.

邓亚东,孟庆鑫,陈伟海,等,2020.基于地质遗迹资源保护利用价值的保护区划分:以云南盐津乌蒙峡谷地质公园为例[J].地质与资源,29(3):273-281.

董瑞杰,董治宝,吴晋峰,等,2013a.罗布泊雅丹地貌旅游资源评价与开发研究[J].中国沙漠,33(4):1235-1243.

董瑞杰,董治宝,2013b.敦煌雅丹国家地质公园景观美学研究[J].中国沙漠,33(2):403-411.

董玉祥,张青年,黄德全,2019.海岸风蚀地貌研究进展与展望[J].地球科学进展,34(1):1-10.

董治宝,陈广庭,1997.内蒙古后山地区土壤风蚀问题初论[J].土壤侵蚀与水土保持学报,3(2):84-90.

董治宝,苏志珠,钱广强,等,2011.库姆塔格沙漠风沙地貌[M].北京:科学出版社.

杜青松,2019.丝路经济带地质遗迹资源特征与旅游扶贫对策研究[J].西北地质,52(4):279-285.

范国安,王峻鑫,2004.柴达木盆地南八仙钙化木化石地质遗迹调查与保护开发[J].青海国土经略(3):27-30.

樊光辉,张广楠,2005.柴达木盆地荒漠地自然植被调查初报[J].青海科技(5):33-37.

范锡朋,1962.柴达木盆地西北部冷湖地区地貌概论[J].地理学报,29(4):275-289.

冯连君,储雪蕾,张启锐,等,2003.化学蚀变指数(CIA)及其在新元古代碎屑岩中的应用[J].地学前缘,10(4):539-544.

部学敏,董治宝,段争虎,等,2019.柴达木盆地西北部长垄状雅丹沉积物粒度特征[J]. 中国沙漠,39(2):79－85.
郭峰,吴晋峰,王鑫,等,2012. 中国雅丹地貌申报世界自然遗产的可行性研究[J]. 中国沙漠,32(3):655－660.
郭洪旭,王雪芹,蒋进,等,2011. 古尔班通古特沙漠腹地输沙风能及地貌学意义[J]. 干旱区研究,28(4):580－585.
郝永萍,方小敏,奚晓霞,等,1998. 柴达木盆地东缘晚更新世气候变化的(古)土壤发生记录[J]. 地理科学,18(3):249－254.
胡东生,1990. 察尔汗盐湖区地貌[J]. 湖泊科学,2(1):37－43.
黄文弼,1948. 罗布淖尔考古记[M]. 北京:北京大学出版社.
黄骁力,丁浒,那嘉明,等,2017. 地貌发育演化研究的空代时理论与方法[J]. 地理学报,72(1):94－104.
姜红忠,2004. 雅丹地貌生态地质旅游价值探讨:以新疆哈密魔鬼城为例[J]. 新疆有色金属(增刊):9－10.
李春昱,王荃,刘雪亚,等,1982. 亚洲大地构造图说明书[M]. 北京:地图出版社.
李继彦,董治宝,2011. 柴达木盆地东南部雅丹地貌形态参数研究[J]. 水土保持通报,31(4):122－125.
李继彦,董治宝,李恩菊,等,2012. 察尔汗盐湖雅丹地貌沉积物粒度特征研究[J]. 中国沙漠,32(5):1187－1192.
李继彦,董治宝,李恩菊,等,2013. 察尔汗盐湖雅丹地貌区风况分析[J]. 中国沙漠,33(5):1293－1298.
李继彦,董治宝,2016. 火星风沙地貌研究进展[J]. 中国沙漠,36(4):951－961.
李继彦,赵二丹,柳文龙,等,2018. 察尔汗盐湖线形沙丘沙物质来源及输移路径[J]. 中国沙漠,38(5):909－918.
李江风,2003. 塔克拉玛干沙漠和周边山区天气气候[M]. 北京:科学出版社.

李曼,2019. 柴达木盆地怀头他拉剖面晚中新世湖相沉积物粒度指标记录的构造和轨道尺度气候与环境变化[D]. 兰州:兰州大学.

李世英,汪安球,蔡蔚祺,等,1958. 柴达木盆地植被与土壤调查报告[M]. 北京:科学出版社.

李徐生,韩志勇,杨守业,等,2007. 镇江下蜀土剖面的化学风化强度与元素迁移特征[J]. 地理学报,62(11):1174-1184.

李永国,安福元,张啟兴,等,2017. 柴达木盆地西部湖相地层风力侵蚀对黄土高原物源贡献的研究进展[J]. 盐湖研究,25(2):105-111.

李志忠,周勇,罗若愚,1999. 风沙地貌研究的若干新进展[J]. 干旱区研究,16(2):61-66.

刘建军,苏彦,左维,等,2018. 中国首次火星探测任务地面应用系统[J]. 深孔探测学报,5(5):414-425.

毛晓长,刘祥,董颖,等,2018. 柴达木盆地鸭湖地区水上雅丹地貌成因研究[J]. 地质评论,64(6):1505-1518.

牛清河,屈建军,李孝泽,等,2011. 雅丹地貌研究评述与展望[J]. 地球科学进展,26(5):516-527.

庞营军,吴波,贾晓红,等,2019. 毛乌素沙地风况及输沙势特征[J]. 中国沙漠,39(1):62-67.

钱广强,杨转铃,董治宝,等,2019. 基于多旋翼无人机倾斜摄影测量的沙丘三维形态研究[J]. 中国沙漠,39(1):18-25.

钱亦兵,周兴佳,李崇舜,等,2001. 准噶尔盆地沙漠沙矿物组成的多源性[J]. 中国沙漠,21(2):182-187.

屈建军,郑本兴,俞祁浩,等,2004. 罗布泊东阿奇克谷地雅丹地貌与库姆塔格沙漠形成的关系[J]. 中国沙漠,24(3):294-300.

任美锷,杨纫章,包浩生,1979. 中国自然地理纲要[M]. 北京:商务印书馆.

任明达,王乃梁,1985. 现代沉积环境概论[M]. 北京:科学出版社.

邵贵航,2016.青藏高原北缘相位超象限大地电磁观测数据的模型研究[D].北京:中国地震局地质研究所.

沈丽琪,1985.沉积岩重矿物研究中的几个重要概念及其应用[J].中国科学(B辑),15(1):70-78.

沈振枢,程果,乐昌硕,等,1993.柴达木盆地第四纪含盐地层划分及沉积环境[M].北京:地质出版社.

时兴合,赵燕宁,戴升,等,2005.柴达木盆地40多年来的气候变化研究[J].中国沙漠,25(1):123-128.

宋向辉,2016.太阳能光伏发电场地的勘察和评价[J].山西建筑,42(20):72-73.

孙世洲,1989.青海省柴达木盆地及其周围山地植被[J].植物生态学与地植物学学报,13(3):236-249.

王发科,苟日多杰,祁贵明,等,2007.柴达木盆地气候变化对荒漠化的影响[J].干旱气象,25(3):28-33.

王富葆,马春梅,夏训诚,等,2008.罗布泊地区自然环境演变及其对全球变化的响应[J].第四纪研究,28(1):150-153.

王帅,哈斯,2008.呼伦贝尔沙质草原区域风况与风蚀坑形态特征[J].水土保持研究,15(3):74-76.

王帅,哈斯,2009.风蚀地貌形态与过程研究进展[J].地球科学与环境学报,31(1):100-105.

吴桐雯,李江海,杨梦莲,2018.柴达木盆地风成地貌类型与晚全新世古风况恢复[J].北京大学学报(自然科学版),54(5):1021-1027.

吴正,1987.风沙地貌学[M].北京:科学出版社.

吴正,2003.风沙地貌与治沙工程学[M].北京:科学出版社.

吴昭谦,1990.面向世界:开展地质旅游[J].旅游学刊,5(1):54-57.

伍光和,张志良,胡双熙,等,1990.柴达木盆地[M].兰州:兰州大学出版社.

夏训诚,1987. 罗布泊地区雅丹地貌的成因[M]// 中国科学院新疆分院罗布泊综合科学考察队. 罗布泊科学考察与研究. 北京:科学出版社.

向理平,1991. 柴达木盆地的地貌[M]//青海省高原地理研究所,青海省农牧业综合区划研究所. 青海省资源·区划·发展论文集. 西宁:青海人民出版社.

肖传桃,叶明,何婷婷,2013. 柴达木盆地西南区始新世-中新世事件地层研究[J]. 地层学杂志,37(2):242－249.

徐浩杰,杨太保,2013. 1981—2010 年柴达木盆地气候要素变化特征及湖泊和植被响应[J]. 地理科学进展,32(6):868－879.

杨贵林,张静娴,1996. 柴达木盆地水文特征[J]. 干旱区研究,13(1):7－13.

杨惠安,安瑞珍,1986. 柴达木盆地现代冰川分布及其数量统计[J]. 冰川冻土,8(2):171－175.

杨洁,2016. 民国时期柴达木地区土地开发研究[D]. 西宁:青海师范大学.

杨景春,李有利,2001. 地貌学原理[M]. 北京:北京大学出版社.

杨林,韩广,罗永清,等,2016. 老哈河下游地区春季风沙活动强度特征[J]. 干旱区资源与环境,30(11):174－179.

杨纫章,章海生,1963. 柴达木盆地水文地理的初步研究[J]. 南京大学学报(自然科学版)(15):36－53.

袁昕,2014. 甘肃敦煌雅丹国家地质公园地质遗迹分类、评价及其可持续发展[D]. 北京:中国地质大学(北京).

张家桢,刘恩宝,1985. 柴达木盆地河流水文特征[J]. 地理学报,52(3):242－255.

张克存,俎瑞平,屈建军,等,2008. 腾格里沙漠东南缘输沙势与最大可能输沙量之比较[J]. 中国沙漠,28(4):605－610.

张伟民,姚檀栋,李孝泽,等,2002.普若岗日冰原毗邻地区风沙地貌及其环境演变[J].冰川冻土,24(6):723-730.

张正偲,董治宝,2014.风沙地貌形态动力学研究进展[J].地球科学进展,29(6):734-747.

赵哈林,张铜会,赵学勇,等,2002.内蒙古半干旱地区沙质过牧草地的沙漠化过程[J].干旱区研究,19(4):1-6.

郑本兴,张林源,胡孝宏,2002.玉门关西雅丹地貌的分布和特征及形成时代问题[J].中国沙漠,22(1):40-46.

朱筱敏,2008.沉积岩石学[M].北京:石油工业出版社.

庄寿强,2000.地质旅游的各种形(型)式探析:再论地质旅游的涵义及其可持续发展[M]//孙文昌.区域旅游开发与崂山风景区可持续发展.北京:地质出版社.

庄寿强,2015.地质旅游(学)与旅游地质(学)的关系探析[M]//中国地质学会旅游地学与地质公园研究分会第30届年会暨芒砀山地质公园建设与地质旅游发展研讨会论文集.北京:中国林业出版社.

俎瑞平,张克存,屈建军,等,2005.塔克拉玛干沙漠风况特征研究[J].干旱区地理,28(2):167-170.

AL-DOUSARI A M, AL-ELAJ M, AL-ENEZI E, et al, 2009. Origin and characteristics of yardangs in the Um Al-Rimam depression(N Kuwait)[J]. Geomorphology, 104(3-4):93-104.

AL-MASRAHY M A, MOUNTNEY N P, 2015. A classification scheme for fluvial-aeolian system interaction in desert-margin settings[J]. Aeolian Research, 17:67-88.

ALLEN J R L, 1965. Scour marks in snow [J]. Journal of Sedimentary Research, 35(2):331-338.

BAGNOLD R A, 2012. The physics of blown sand and desert dunes [M]. Dordrecht: Springer.

BAILEY J E, SELF S, WOOLLER L K, et al, 2007. Discrimination of fluvial and eolian features on large ignimbrite sheets around La Racana Caldera, Chile, using Landsat and SRTM-derived DEM[J]. Remote Sensing of Environment, 108(1): 24 - 41.

BARLOW N, 2008. Mars: An introduction to its interior, surface and atmosphere[M]. Cambridge: Cambridge University Press.

BLACKWELDER E, 1934. Yardangs [J]. Geological Society of America Bulletin, 45(1): 159 - 166.

BOSWORTH T O, 1922. Geology of the tertiary and quaternary periods in the Northwest Part of Peru[M]. London: MacMilan.

BREED C S, GROLIER M J, MCCAULEY J F, 1979. Morphology and distribution of common 'sand' dunes on Mars: Comparison with the Earth[J]. Journal of Geophysical Research: Solid Earth, 84(B14): 8183 - 8204.

BREED C S, MCCAULEY J F, WHITNEY M I, 1989. Wind erosion forms [M]// THOMAS D S G. Arid zone geomorphology. London: Belhaven Press.

BRIDGES N T, GREELEY R, HALDEMANN A F C, et al, 1999. Ventifacts at the Pathfinder landing site[J]. Journal of Geophysical Research: Planets, 104(E4): 8595 - 8615.

BRIDGES N E, LAITY J E, 2013. Fundamentals of aeolian sediment transport: Aeolian abrasion[M]//SHRODER J, LANCASTER N, SHERMAN D J, et al . Treatise on geoorphology. San Diego: Academic Press.

BRISTOW C S, DRAKE N, ARMITAGE S, 2009. Deflation in the dustiest place on Earth: The bodélé depression, chad [J]. Geomorphology, 105(1 - 2): 50 - 58.

BROOKES I A, 2001. Aeolian erosional lineations in the Libyan Desert, Dakhla Region, Egypt[J]. Geomorphology, 39(3): 189 - 209.

BULLARD J E, 1997. A note on the use of the "Fryberger method" for evaluating potential sand transport by wind[J]. Journal of Sedimentary Research, 67(3): 499 - 501.

CHEN K, BOWLER J M, 1985. Preliminary study of sedimentary characteristics and evolution of palaeoclimate of Qarhan Salt Lake in Qaidam Basin[J]. Science in China Series B, 28(11): 1218 - 1232.

COOKE R, WARREN A, GOUDIE A, 1993. Desert geomorphology [M]. London: UCL Press.

CUTTS J A, SMITH R S U, 1973. Eolian deposits and dunes on Mars[J]. Journal of Geophysical Research: Solid Earth, 78(20): 4139 - 4154.

DE SILVA S L, BAILEY J E, MANDT K E, et al, 2010. Yardangs in terrestrial ignimbrites: Synergistic remote and field observations on Earth with applications to Mars[J]. Planetary and Space Science, 58(4): 459 - 471.

DERICKSON D, KOCUREK G, EWING R C, et al, 2008. Origin of a complex and spatially diverse dune-field pattern, Algodones, southeastern California[J]. Geomorphology, 99(1 - 4): 186 - 204.

DONG Z B, HU G, QIAN G, et al, 2017. High-altitude aeolian research on the Tibetan Plateau[J]. Reviews of Geophysics, 55(4): 864 - 901.

DONG Z B, LV P, LU J, et al, 2012a. Geomorphology and origin of yardangs in the Kumtagh Desert, northwest China [J]. Geomorphology, 139: 145 - 154.

DONG Z B, ZHANG Z, LV P, et al, 2012b. Analysis of the wind regime in context of dune geomorphology for the Kumtagh Desert, Northwest China[J]. Zeitschrift für Geomorphologie, 56(4): 459 - 475.

EHSANI A H, QUIEL F, 2008. Application of self organizing map and SRTM data to characterize yardangs in the Lut Desert, Iran [J]. Remote Sensing of Environment, 112(7): 3284 - 3294.

EL-BAZ F, BREED C S, GROLIER M J, et al, 1979. Eolian features in the western desert of Egypt and some applications to Mars[J]. Journal of Geophysical Research: Solid Research, 84(B14): 8205 - 8221.

EMBABI N S, 1999. Playas of the western desert, Egypt [C]// DONNER J. Studies of playas in the Western Desert of Egypt. Helsinki: Finish Academy of Science and Letters.

EMBABI N S, 1972. The semi-playa deposits of Kharga Depression, the Western Desert[J]. Bulletin de la Société de Géographie d'Égypte, 41: 73 - 87.

EWING R C, KOCUREK G, LAKE L W, 2006. Pattern analysis of dune-field parameters[J]. Earth Surface Processes and Landforms, 31(9): 1176 - 1191.

FANG X, ZHANG W, MENG Q, et al, 2007. High-resolution magnetostratigraphy of the Neogene Huaitoutala section in the eastern Qaidam Basin on the NE Tibetan Plateau, Qinghai Province, China and its implication on tectonic uplift of the NE Tibetan Plateau[J]. Earth and Planetary Science Letters, 258(1 - 2): 293 - 306.

FOLK R L, WARD W C, 1957. Brazos River bar[Texas]: A study in the significance of grain size parameters[J]. Journal of Sedimentary Research, 27(1): 3 - 26.

FOX R W, MCDONALD A T, 1973. Introduction of fluid mechanics [M]. New York: Wiley.

FRYBERGER S G, DEAN G, 1979. Dune forms and wind regimes [M]// MCKEE E D. A study of global sand seas, USGS professional paper 1052. Honolulu, Hawaii: University Press of the Pacific.

GAY S P, 2005. Blowing sand and surface winds in the Pisco to Chala Area, southern Peru[J]. Journal of Arid Environments, 61(1): 101-117.

GHODSI M, 2017. Morphometric characteristics of yardangs in the Lut Desert, Iran[J]. Desert, 22(1): 21-29.

GOUDIE A S, 1989. Wind erosion in deserts[J]. Proceedings of the Geologists' Association, 100(1): 83-92.

GOUDIE A S, 1999. Wind erosional landforms: Yardangs and pans [M]// GOUDIE A S, LIVINGSTONE I, STOKES S. Aeolian environments, sediments and landforms. Chichester: John Wiley.

GOUDIE A S, 2002. Great warm deserts of the world-landscapes and evolution[M]. Oxford: Oxford University Press.

GOUDIE A S, 2007. Mega-yardangs: A global analysis [J]. Geography Compass, 1(1): 65-81.

GREELEY R, BENDER K, THOMAS P E, et al, 1995. Wind-related features and processes on Venus: Summary of Magellan results [J]. Icarus, 115(2): 399-420.

GROLIER M J, MCCAULEY J F, BREED C S, et al, 1980. Yardangs of the Western Desert[J]. The Geographical Journal, 146(1): 86-87.

GUTIÉRREZ-ELORZA M, DESIR G, GUTIÉRREZ-SANTOLALLA F, 2002. Yardangs in the semiarid central sector of the Ebro Depression (NE Spain)[J]. Geomorphology, 44(1-2): 155-170.

HALLET B, 1990. Spatial self-organization in geomorphology: From periodic bedforms and patterned ground to scale-invariant topography[J]. Earth-Science Reviews,29(1－4):57－75.

HALIMOV M,FEZER F,1989. Eight yardang types in central Asia [J]. Zeitschrift für Geomorphologie,33(2):205－217.

HAN W, MA Z, LAI Z, et al, 2014. Wind erosion on the north-eastern Tibetan Plateau:Constraints from OSL and U-Th dating of playa salt crust in the Qaidam Basin[J]. Earth Surface Processes and Landforms,39(6):779－789.

HASSAN F A,BARICH B,MAHMOUD M,et al,2001. Holocene playa deposits of Farafra Oasis,Egypt,and their palaeoclimatic and geoarchaeological significance[J]. Geoarchaeology,16(1):29－46.

HAYES A G,2018. Dunes across the Solar System[J]. Science,360 (6392):960－961.

HEDIN S, 1903. Central Asia and Tibet[M]. London: Hurst and Blackett,Limited.

HU C,CHEN N,KAPP P,et al,2017. Yardang geometries in the Qaidam Basin and their controlling factors[J]. Geomorphology, 299:142－151.

HÖRNER N G, 1932. Lop-Nor: Topographical and geological summary[J]. Geografiska Annaler,14(3－4):297－321.

INBAR M,RISSO C,2001. Holocene yardangs in volcanic terrains in the southern Andes, Argentina[J]. Earth Surface Processes and Landforms,25(6):657－666.

JIA P,ANDREOTTI B,CLAUDIN P,2017. Giant ripples on comet 67P/Churyumov-Gerasimenko sculpted by sunset thermal wind [J]. Proceedings of the National Academy of Sciences,114(10): 2509－2514.

KAPP P A, PELLETIER J, ROHRMANN A, et al, 2011. Wind erosion in the Qaidam Basin, central Asia: Implications for tectonics, paleoclimate, and the source of the Loess Plateau[J]. GSA Today, 21(4-5):4-10.

KRINSLEY D B, 1970. A geomorphological and paleoclimatological study of the playas of Iran(Part I)[R]. Washington D C, U. S. Geological Survey for the Air Force Cambridge Research Laboratories, Final Scientific Report CP 70-800.

LAITY J E, 2009. Landforms, landscapes, and processes of aeolian erosion [M]// PARSONS A J, ABRAHAMS A D. Geomorphology of desert environments (2nd Ed.). Dordrecht: Springer.

LAITY J E, 2011. Wind erosion in drylands[M]// THOMAS D S G. Arid zone geomorphology: Process, form, and change in drylands (3rd Ed.). Chichester: Wiley-Blackwell.

LAITY J E, BRIDGES N T, 2013. Abraded systems [M]// SHRODER J, LANCASTER N, SHERMAN D J, et al. Treatise on geomorphology. San Diego: Academic Press.

LANCASTER N, KOCUREK G, SINGHVI A, et al, 2002. Late Pleistocene and Holocene dune activity and wind regimes in the western Sahara Desert of Mauritania[J]. Geology, 30(11):991-994.

LANCASTER N, 2013. Sand seas and dune fields[M]//SHRODER J F. Treatise on geomorphology. San Diego: Academic Press.

LI J Y, DONG Z B, QIAN G, et al, 2016a. Yardangs in the Qaidam Basin, northwestern China: Distribution and morphology [J]. Aeolian Research, 20:89-99.

LI J Y, DONG Z B, QIAN G, et al, 2016b. Pattern analysis of a linear dune field on the northern margin of Qarhan Salt Lake, northwestern China[J]. Journal of Arid Land, 8(5): 670 - 680.

LI J Y, ZHOU L, YAN J, et al, 2020. Source of aeolian dune sands on the northern margin of Qarhan Salt Lake, Qaidam Basin, NW China[J]. Geological Journal, 5: 4 - 15.

LI M, FANG X, YI C, et al, 2010. Evaporite minerals and geochemistry of the upper 400 m sediments in a core from the Western Qaidam Basin, Tibet[J]. Quaternary International, 218(1 - 2): 176 - 189.

LIANG X, NIU Q, QU J, et al, 2019. Geochemical analysis of yardang strata in the Dunhuang Yardang National Geopark, Northwest China, and implications on its palaeoenvironment, provenance, and potential dynamics[J]. Aeolian Research, 40: 91 - 104.

LIU B, QU J, NING D, et al, 2014. Grain-size study of aeolian sediments found east of Kumtagh Desert[J]. Aeolian Research, 13: 1 - 6.

LIU Z, WANG Y, CHEN Y, et al, 1998. Magnetostratigraphy and sedimentologically derived geochronology of the Quaternary lacustrine deposits of a 3000 m thick sequence in the central Qaidam basin, western China[J]. Palaeogeography, Palaeoclimatology, Palaeoecology, 140(1 - 4): 459 - 473.

LORENZ R D, WALL S, RADEBAUGH J, et al, 2006. The sand seas of Titan: Cassini RADAR observations of longitudinal dunes[J]. Science, 312(5774): 724 - 727.

MAINGUET M, 1972. Le modelé des Grè [M]. Paris: Institute Geographie National.

MAINGUET M, CANON L, CHEMIN M C, 1980. Le Sahara: Géomorphologie et paléogéomorphologie éoliennes [M]//

WILLIAMS M A J, FAURE H. Sahara and the Nile: Quaternary environments and prehistoric occupation in Northern Africa. Rotterdam: Balkema.

MANDT K E, DE SILVA S L, ZIMBELMAN J R, et al, 2008. Origin of the Medusae Fossae Formation, Mars: Insights from a synoptic approach[J]. Journal of Geophysical Research: Planets, 113(E12): 1-15.

MCCAULEY J F, GROLIER M J, BREED C S, 1977a. Yardangs [M]// DOEHRING D O. Geomorphology in arid regions. London: Allen and Unwin.

MCCAULEY J F, GROLIER M J, BREED C S, 1977b. Yardangs of Peru and other desert regions[R]. Washingtong: United States Geological Survey.

MCLENNAN S M, 1993. Weathering and global denudation[J]. The Journal of Geology, 101(2): 295-303.

MEYER B, TAPPONNIER P, BOURJOT L, et al, 1998. Crustal thickening in Gansu-Qinghai, lithospheric mantle subduction, and oblique, strike-slip controlled growth of the Tibet plateau[J]. Geophysical Journal International, 135(1): 1-47.

MUHS D R, 2004. Mineralogical maturity in dunefields of North America, Africa and Australia[J]. Geomorphology, 59(1-4): 247-269.

NESBITT H W, MARKOVICS G, PRICE R C, 1980. Chemical processes affecting alkalis and alkaline earths during continental weathering[J]. Geochimica et Cosmochimica Acta, 44(11): 1659-1666.

NESBITT H W, YOUNG G M, 1982. Early Proterozoic climates and plate motions inferred from major element chemistry of lutites[J].

Nature,299(5885):715 - 717.

NESBITT H W,YOUNG G M,1984. Prediction of some weathering trends of plutonic and volcanic rocks based on thermodynamic and kinetic considerations[J]. Geochimica et Cosmochimica Acta,48(7):1523 - 1534.

NESBITT H W,YOUNG G M,1989. Formation and diagenesis of weathering profiles[J]. The Journal of Geology,97(2):129 - 147.

PEARCE K I,WALKER I J,2005. Frequency and magnitude biases in the 'Fryberger' model, with implications for characterizing geomorphically effective winds[J]. Geomorphology,68(1 - 2):39 - 55.

PETTIJOHN F J, POTTER P E, SIEVER R, 1987. Sand and Sandstone[M]. New York:Springer.

PULLEN A,KAPP P,MCCALLISTER A T,et al,2011. Qaidam Basin and northern Tibetan Plateau as dust sources for the Chinese Loess Plateau and paleoclimatic implications[J]. Geology,39(11):1031 - 1034.

PULLEN A, KAPP P, CHEN N, 2017. Development of stratigraphically controlled, eolian-modified unconsolidated gravel surfaces and yardang fields in the wind-eroded Hami Basin, northwestern China[J]. Geological Society of America Bulletin,130(3 - 4):630 - 648.

PYE K,1983. Coastal dunes[J]. Progress in Physical Geography: Earth and Environment,7(4):531 - 557.

REA D K, 1994. The paleoclimatic record provided by eolian deposition in the deep sea: The geological history of wind[J]. Reviews of Geophysics,32(2):159 - 195.

RITLEY K, ODONTUYA E, 2004. Yardangs and dome dunes

northeast of Tavan Har, Gobi, Mongolia[J]. Geological Society of America Abstracts with Programs, 36(4): 33 - 36.

ROHRMANN A, HEERMANCE R, KAPP P, et al, 2013. Wind as the primary driver of erosion in the Qaidam Basin, China[J]. Earth and Planetary Science Letters, 374: 1 - 10.

RONCA L B, GREEN R R, 1970. Aeolian regime of the surface of Venus[J]. Astrophysics and Space Science, 8(1): 59 - 65.

RUBIN D M, HESP P A, 2009. Multiple origins of linear dunes on Earth and Titan[J]. Nature Geoscience, 2: 653 - 658.

SEBE K, CSILLAG G, RUSZKICZAY-RÜDIGER Z, et al, 2011. Wind erosion under cold climate: A Pleistocene periglacial mega-yardang system in Central Europe (Western Pannonian Basin, Hungary)[J]. Geomorphology, 134(3 - 4): 470 - 482.

SILVESTRO S, FENTON L K, VAZ D A, et al, 2010. Ripple migration and dune activity on Mars: Evidence for dynamic wind processes[J]. Geophysical Research Letters, 37(20): L20203.

STAFF F M, 1887. Karte des unteren Khuisebtals[J]. Petermanns Geographische Mitteilengen, 33: 202 - 214.

STAUCH G, IJMKER J, PÖTSCH S, et al, 2012. Aeolian sediments on the north-eastern Tibetan Plateau [J]. Quaternary Science Reviews, 57(4): 71 - 84.

STRECKEISEN A, 1976. To each plutonic rock its proper name[J]. Earth-Science Reviews, 12(1): 1 - 33.

TAPPONNIER P, XU Z, ROGER F, et al, 2001. Oblique stepwise rise and growth of the Tibet Plateau[J]. Science, 294(5547): 1671 - 1677.

TAYLOR S R, MCLENNAN S M, 1985. The continental crust: It's composition and evolution[M]. London: Blackwell.

TELFER M W, PARTELI E J R, RADEBAUGH J, et al, 2018. Dunes on Pluto[J]. Science, 360(6392): 992 - 997.

TEWES D W, LOOPE D B, 1992. Palaeo-yardangs: Wind-scoured desert landforms at the Permo-Triassic unconformity [J]. Sedimentology, 39(2): 251 - 261.

THOMAS P, VEVERKA J, LEE S, et al, 1981. Classification of wind streaks on Mars[J]. Icarus, 45(1): 124 - 153.

TUO J, PHILP R P, 2003. Occurrence and distribution of high molecular weight hydrocarbons in selected non-marine source rocks from the Liaohe, Qaidam and Tarim Basins, China [J]. Organic Geochemistry, 34(11): 1543 - 1558.

VINCENT P, KATTAN F, 2006. Yardangs on the Cambro-Ordovician Saq sandstone, north-west Saudi Arabia[J]. Zeitschrift für Geomorphologie, 50(3): 305 - 320.

VISHER G S, 1969. Grain size distributions and depositional processes [J]. Journal of Sedimentary Petrology, 39(3): 1074 - 1106.

WALTHER J, 1891. Die denudation in der Wüste und ihre geologische bedeutung[J]. Abhandlungen Sächsische Gesellschaft Wissenshaft, 16: 345 - 570.

WALTHER J, 1912. Das gesetz der wüstenbildung in Gegenwart and Vorzeit[M]. Leipzig: Von Quelle und Meyer.

WANG E, XU F, ZHOU J, et al, 2006a. Eastward migration of the Qaidam basin and its implications for Cenozoic evolution of the Altyn Tagh fault and associated river systems [J]. Geological Society of America Bulletin, 118(3 - 4): 349 - 365.

WANG J, FANG X, APPEL E, et al, 2012. Pliocene-Pleistocene climate change at the NE Tibetan Plateau deduced from lithofacies variation in the drill core SG-1, western Qaidam Basin, China[J]. Journal of Sedimentary Research, 82(12): 933 - 952.

WANG J, XIAO L, REISS D, et al, 2018. Geological features and evolution of yardangs in the Qaidam Basin, Tibetan Plateau (NW China): A terrestrial analogue for Mars[J]. Journal of Geophysical Research: Planets, 123(9): 2336 - 2364.

WANG X, MIAO X, 2006b. Weathering history indicated by the luminescence emissions in Chinese loess and paleosol [J]. Quaternary Science Reviews, 25(13 - 14): 1719 - 1726.

WANG Y, ZHENG J, ZHANG W, et al, 2012. Cenozoic uplift of the Tibetan Plateau: Evidence from the tectonic-sedimentary evolution of the western Qaidam Basin[J]. Geoscience Frontiers, 3(2): 175 - 187.

WANG Z, LAI Z, 2014. A theoretical model on the relation between wind speed and grain size in dust transportation and its paleoclimatic implications[J]. Aeolian Research, 13: 105 - 108.

WANG Z, WANG H, NIU Q, et al, 2011. Abrasion of yardangs[J]. Physical Review E, 84(3): 031304.

WARD A W, 1979. Yardangs on Mars: Evidence of recent wind erosion [J]. Journal of Geophysical Research: Solid Earth, 84 (B14): 8147 - 8166.

WARD A W, GREELEY R, 1984. Evolution of the yardangs at Rogers Lake, California [J]. Geological Society of America Bulletin, 95(7): 829 - 837.

WEDEPOHL K H, 1969. Handbook of Geochemistry [M]. Berlin: Springer.

WILSON S A, ZIMBELMAN J R, 2004. Latitude-dependent nature and physical characteristics of transverse aeolian ridges on Mars

[J]. Journal of Geophysical Research: Planets, 109: E10003.

WILSON I G, 1972. Aeolian bedforms — Their development and origins[J]. Sedimentology, 19(3-4): 173-210.

XIA W, ZHANG N, YUAN X, et al, 2001. Cenozoic Qaidam Basin, China: A stronger tectonic inversed, extensional rifted basin[J]. American Association of Petroleum Geologists, 85(4): 715-736.

YANG X, LIANG P, ZHANG D, et al, 2019. Holocene aeolian stratigraphic sequences in the eastern portion of the desert belt (sand seas and sandy lands) in northern China and their palaeoenvironmental implications[J]. Science China Earth Science, 62(8): 1302-1315.

YIN A, DANG Y, WANG L, et al, 2008. Cenozoic tectonic evolution of Qaidam basin and its surrounding regions(Part 1): The southern Qilian Shan-Nan Shan thrust belt and northern Qaidam basin[J]. Geological Society of America Bulletin, 120(7-8): 813-846.

ZHANG P, SHEN Z, WANG M, et al, 2004. Continuous deformation of the Tibetan Plateau from global positioning system data[J]. Geology, 32(9): 809-812.

ZHANG W, APPEL E, FANG X, et al, 2012a. Magnetostratigraphy of deep drilling core SG-1 in the western Qaidam Basin (NE Tibetan Plateau) and its tectonic implications [J]. Quaternary Research, 78(1): 139-148.

ZHANG W, APPEL E, FANG X, et al, 2012b. Paleoclimatic implications of magnetic susceptibility in Late Pliocene-Quaternary sediments from deep drilling core SG-1 in the western Qaidam Basin(NE Tibetan Plateau)[J]. Journal of Geophysical Research: Solid Earth, 117: B06101.

ZHANG W, FANG X, SONG C, et al, 2013. Late Neogene magnetostratigraphy in the western Qaidam Basin(NE Tibetan Plateau)and its constraints on active tectonic uplift and progressive evolution of growth strata[J]. Tectonophysics,599:107 - 116.

ZHANG Z,DONG Z,LI C,2015a. Wind regime and sand transport in China's Badain Jaran Desert[J]. Aeolian Research,17:1 - 13.

ZHANG Z,DONG Z,WEN Q,et al,2015b. Wind regimes and aeolian geomorphology in the western and southwestern Tengger Desert, NW China[J]. Geological Journal,50:707 - 719.

ZHAO Y,CHEN N,CHEN J,et al,2018. Automatic extraction of yardangs using Landsat 8 and UAV images:A case study in the Qaidam Basin,China[J]. Aeolian Research,33:53 - 61.

附　录

附录1　柴达木盆地地质遗迹资源评价指标权重及专家打分问卷

尊敬的专家：

您好！目前我们拟对柴达木盆地地质遗迹资源价值进行定量评价分析，非常感谢您抽出宝贵时间参与本次调查，此次调查结果仅供科研之用，请您放心填写。

具体填写要求：我们将地质遗迹资源价值的构成要素进行两两比较，分别用1、3、5、7、9标度值表示两指标A和B的比较值，A较B同等重要时记为1，A较B稍微重要记为3，A较B明显重要记为5，A较B强烈重要记为7，A较B极其重要记为9；反之，当B比A重要时，用1/3、1/5、1/7、1/9标度值表示A和B的比较值，A较B稍微不重要记为1/3，A较B明显不重要记为1/5，A较B强烈不重要记为1/7，A较B极其不重要记为1/9。相关表格如附表1至附表4所示。

附表 1　矩阵标度值的含义

意义	同等重要	稍微重要	明显重要	强烈重要	极其重要	稍微不重要	明显不重要	强烈不重要	极其不重要
数值	1	3	5	7	9	1/3	1/5	1/7	1/9

注意：2、4、6、8、1/2、1/4、1/6、1/8 表示以上两者之间相对重要性的过渡。

附表 2　地质遗迹资源价值评价项目层比较矩阵

地质旅游资源价值评价	资源价值	开发条件
资源价值	1	
开发条件		1

附表 3　地质遗迹资源价值评价因子层——资源价值比较矩阵

资源价值	自然完整性	典型性和稀有性	科学价值	美学价值
自然完整性	1			
典型性和稀有性		1		
科学价值			1	
美学价值				1

附表 4　地质遗迹资源价值评价因子层——开发条件比较矩阵

开发条件	安全性	可进入性	可保护性	基础服务设施
安全性	1			
可进入性		1		
可保护性			1	
基础服务设施				1

附录 2　地质遗迹定量分级评定标准和地质遗迹资源评价因子打分表

具体填写要求：请各位专家根据“地质遗迹定量分级评定标准”（详细内容见附表 5），给三个大类的地质遗迹打分（见附表 6），各大类典型地质遗迹可参考附表 7。

附表 5　地质遗迹定量分级评定标准

评价因子	评价项目	评价内容	评价等级				
			85～100（Ⅰ）	70～84（Ⅱ）	55～69（Ⅲ）	40～54（Ⅳ）	＜40（Ⅴ）
审美价值	自然完整性	自然状态、破坏情况	完好	好	较好	稍破坏	破坏严重
	典型性和稀有性	代表意义	极高	高	较高	一般	不明显
	科学价值	教育意义和科研价值	极高	高	较高	较低	低
	美学价值	形态	极优美	优美	较优美	较不优美	不优美
开发条件	安全性	灾害隐患	很安全	安全	较安全	有不安全因素	有灾害隐患
	可进入性	通达度、便捷性	便利	良好	一般	较差	差
	可保护性	遗迹保护的可能性	易保护	能保护	可保护	不易保护	难保护
	基础服务设施	配套设施、服务	极齐全	齐全	较齐全	较欠缺	欠缺

附表 6　地质遗迹资源评价因子打分表(百分制)

评价因子	地质类型					
	古人类	古植物类	古生物遗迹或可疑古生物遗迹类	冰川类	山石景类	水景类
自然完整性						
典型性和稀有性						
科学价值						
美学价值						
安全性						
可进入性						
可保护性						
基础服务设施						

附表 7　柴达木盆地主要地质遗迹资源

大类	典型地质遗迹
古生物大类	小柴旦旧石器遗址、吐谷浑吐蕃古墓群、热水古墓群、塔里他里哈遗址、南八仙钙化木化石遗址、大柴旦硅化木遗址、托素湖东矽化木遗址、诺木洪贝壳梁古生物地层、江门沟海虾化石山
环境地质现象大类	昆仑山石冰川、玉珠峰冰川、马兰冰川、各拉丹冬冰川、都兰科肖图冰川、岗纳楼冰川
风景地貌大类	俄博梁雅丹地貌群、乌素特水上雅丹地貌、南八仙雅丹地貌群、黄瓜梁雅丹地貌群、一里坪、乌兰金色沙漠地貌、柴达木沙漠、苏干湖、涩聂湖、达布逊湖、小柴旦湖、托素湖、可鲁克湖、南(北)霍布逊湖、阿拉克湖、茶卡盐湖、东(西)台吉乃尔湖、茫崖艾肯泉、大柴旦温泉